知乎

有问题 就会有答案

树木词典

Treepedia

A Brief Compendium of Arboreal Lore

[美] 琼 · 马卢夫 著

[美] 马伦 · 韦斯特福尔 绘

陈阳 译

赖阳均 审校

贵州科技出版社

· 贵阳 ·

著作权合同登记 图字：22-2023-020号

图书在版编目（CIP）数据

树木词典 /（美）琼· 马卢夫著 ;（美）马伦 · 韦斯特福尔绘 ; 陈阳译. -- 贵阳 : 贵州科技出版社, 2023.12

ISBN 978-7-5532-1244-9

Ⅰ. ①树… Ⅱ. ①琼… ②马… ③陈… Ⅲ. ①树木—词典 Ⅳ. ①S718.4-61

中国国家版本馆CIP数据核字（2023）第143089号

树木词典
SHUMU CIDIAN

出版发行 贵州科技出版社
地　　址 贵阳市观山湖区会展东路SOHO区A座（邮政编码：550081）
出 版 人 王立红
经　　销 全国各地新华书店
印　　刷 河北中科印刷科技发展有限公司
版　　次 2023年12月第1版
印　　次 2023年12月第1次印刷
字　　数 140千字
印　　张 6.75
开　　本 880mm × 1230mm 1/32
书　　号 ISBN 978-7-5532-1244-9
定　　价 62.80元

献给原始森林网（The Old-Growth Forest Network）无可挑剔的团队：苏珊·巴内特、芭芭拉·布什、威廉·库克、丽莎·玛丽·格齐、凡妮莎·古尔德、莎拉·霍斯利、苏珊·艾夫斯、理查德·马里昂、梅丽莎·米克里奥蒂、霍利迪·费兰-约翰逊、莎拉·罗伯-格里科、埃莉诺·斯隆，以及支持我们为树木发声的群体。

所有研究地球及其生命科学的人都有一个特点——从不感到乏味。

——蕾切尔·卡森

谢天谢地，他们不能砍伐云朵！

——亨利·戴维·梭罗

每一棵树都有自己的故事。

——琼·马卢夫

前　言

Preface

在本书中，你将了解到一些地球上罕见的树木、独特的森林和杰出的树木保护人士。本书并不包含所有的树种，也不囊括所有关于树木的知识：这样一本小巧的书根本装不下那么多内容。但无论你对树木有多少了解，我都可以向你保证，你会在这里学到一些新东西。如果你对树木一无所知，这样更好，因为这些条目能让你快速入门。本书并非面面俱到，但它可以激发你的兴趣。此刻你拿在手里的是我们这个时代的迷你树木百科全书，是简短而宝贵的趣闻合集，它不是要你一口气读完，而是可以随时拿起来或放下——也许就放在家里最小的房间中触手可及的地方。

目　录

阿迪朗达克山脉

阿迪朗达克山脉是纽约州东北部的一个山区，集林地最坏和最好的情况于一体。“Adirondack”这个词来自莫霍克语，意思是“食树者”。许多树木的内层树皮是可食用的，美洲原住民会将这种内层树皮晒干，磨成粉，用于烘焙。在欧洲移居者到来之前，美洲原住民已经在阿迪朗达克地区居住了数千年，以树木和许多其他与他们共享一个生态系统的动植物为食。

美国独立战争后，纽约州的所有土地都归于州政府的控制之下，州政府以非常低廉的价格卖出了土地——多数卖给了木材大亨，而他们砍伐了所有的树木，然后抛弃了这些土地，而且没有为之缴税。原始森林的大量砍伐从 18 世纪末一直持续到 19 世纪初。这种砍伐降低了土壤的蓄水能力，引发了表土侵蚀和洪水侵袭的问题。到了 1850 年，阿迪朗达克山脉森林的破坏问题渐渐引起了人们的关注。1857 年，一位名叫塞缪尔·哈蒙德（Samuel Hammond）的著名作家写道：“如果是我，我会画一个直

阿迪朗达克山脉里的一棵树

径 100 英里[1]的圈，用宪法将其全部保护起来。我会让它永远都是一片森林。在保护范围内，砍一棵树是轻罪，砍伐 1 英亩[2]的林地则是重罪。”哈蒙德的话引起了许多读者的共鸣，但真正对此有所作为的是一个叫韦普朗克·科尔文（Verplanck Colvin）的人。1872 年，科尔文从州政府获得了 1000 美元的津贴用于调查阿迪朗达克山脉的森林情况。次年，他向州议会提交了一份报告，认为如果任凭阿迪朗达克山脉的森林破坏状况继续恶化，会威胁到伊利运河的生存能力，而在当时，伊利运河对纽约州的经济至关重要。科尔文响应了哈蒙德的话，声称应该通过建立国家森林保护区来保护整个阿迪朗达克山脉。他继续调查，每年都向州议会提出类似的请求：“除非这片地区能从根本上保持目前的荒野状态，否则针对森林的恶性燃烧和破坏将日趋严重，逐年扩张。”州议会被他的请求说服了，于 1885 年在阿迪朗达克山脉建立了森林保护区——阿迪朗达克公园，并规定它“将永远保留为野生林地”。在 1894 年的制宪会议上，这项保护措施被写入了州宪法。

阿迪朗达克公园的边界在大多数地图上以蓝线为标

1 1 英里 ≈1.6 千米。——译者注（如无特殊说明，本书注释皆为译者注）
2 1 英亩 ≈ 4046.86 平方米。

识，它占地近600万英亩，其中近一半受到宪法保护，“永远不得开垦”。公园的另一半是私人土地，包括住宅、农场、企业和营地。在私人土地上是允许伐木的。这些野生林地和私人土地在整个公园内相互交错。阿迪朗达克公园现在是美国本土最大的公共保护区，其面积比黄石国家公园、大沼泽地国家公园、美国冰川国家公园和大峡谷国家公园的面积总和还要大。它是政府和个人共同努力取得的保护成果的极佳范例。现估计，阿迪朗达克山脉保存着30万英亩的原始森林，每年都有游客来到公园享受干净的水和清新的空气，欣赏参天大树。

另见词条：原始森林（Old Growth）

American Chestnut

美洲栗

美洲栗（学名 *Castanea dentata*）曾经是阿巴拉契亚东部地区最大、最多的树种。有些树的直径超过7英尺[1]。苏

[1] 1英尺 = 30.48 厘米。

美洲栗

珊·弗兰克（Susan Freinkel）在自己关于美洲栗的书[1]中称它为“完美的树”。除了体型巨大，美洲栗的重要性还来自它在多刺的果壳中生长的富有营养的硕大坚果。许多贫穷的移居者依靠这些坚果免于饿死。

美国大部分野生森林被清除后，城市开始重新规划利用树木的遮阴和绿化功能，大家觉得美洲栗对于“文明”场所来说过于庞大。于是，人们引进了较小的、灌木状的

[1] 书名为 *American Chestnut: The Life, Death, and Rebirth of a Perfect Tree*（《美洲栗：一棵完美的树的生命、死亡与重生》）。

亚洲栗取而代之，而随着这些来自大洋彼岸的栗树一同登陆的还有一种微小的真菌（栗疫病菌，学名 *Cryphonectria parasitica*）。它在 1904 年来到了纽约市。悲惨的故事就此上演，真菌跑到了美国本土的栗树上，最终将它们悉数祸害。仅以一个州为例，栗疫病（栗疫病菌导致的疾病）于 1924 年到达佐治亚州，到 1930 年便杀死了州内一半的栗树。活树和死树都因其木材价值而被迅速砍伐。而在少数不砍伐的地方，栗树最终还是会死。其树根经常长出有望存活的新枝，但当这些新枝长到第七年时，它们中的大多数仍会再次感染真菌并死亡。然后更多的新枝会冒出来，而真菌也会再次出现。如今美国的一些本土栗树仍在萌发新枝，但很少有能活到开花并结果的。美洲栗基金会现在正在努力培育美洲栗的抗病品种，并将它们重新引入城市景观中。

Appleseed, Johnny (1774—1845)

苹果种植者约翰尼

尽管苹果种植者约翰尼的生平故事有些是虚构

的，但他是一个真实人物，本名叫约翰·查普曼（John Chapman）。在查普曼生活的那个时代，如果移居者能证明他们“改进”了某块土地的使用价值，就可以获得其所有权。种植苹果树来酿造高度数苹果酒是取得土地所有权最简单、最便宜的一种方法。但是要怎么获得用于栽种的苹果树苗呢？这时候，查普曼登场了。他从果实和苹果酒渣中拣出苹果种子，让种子发芽，然后把树苗栽种在他在别人的地产上租用的有围栏的小苗圃里。查普曼教业主如何护理幼苗，并每年回来检查一两次。通过这种方式，他得以在宾夕法尼亚州、俄亥俄州和印第安纳州的 19 个不同的苗圃中种植苹果树。当小树长到足够大的时候，他就将它们挖出来，自己划船将裸根运走，再成打卖给边境地区富有进取精神的移居者。每一棵小树苗要花移居者 6 美分。这种苹果树苗有的会结出美味的果实，但大多数情况下，苹果都又小又酸。但对于酿造苹果酒或者取得土地所有权而言，苹果的质量并不那么重要。

查普曼四处旅行，旅居方式也很简单，无论走到哪里都会分享他的信仰。他是一个坚定的基督徒。在那个时候，他走过的许多地区仍然是美洲原住民的地盘。他们认为他是一个被圣灵充满的人，就连对基督教怀有敌意的部落也不阻碍他的分享。关于他的许多故事中，有一个是说他参加了一个室外集会，当时一位传教牧师正在布道，宣传衣食的奢靡对灵魂的损坏。“现在哪里还有人会像原始的基督徒一样，光着脚、穿着粗糙的衣服上天堂呢？”传教牧师问了一遍又一遍，最后查普曼抬起他那脏兮兮的赤脚，指着自己的粗布衣裳说：“我就是你说的原始基督徒！”

查普曼从未组建家庭，尽管他打着赤脚，衣衫褴褛，头顶一口金属锅，过着像乞丐一样的生活，但他对其他人——包括动物——都十分慷慨。当他在印第安纳州的韦恩堡去世时，他把所拥有的1200英亩土地都留给了他的妹妹。为了纪念他，人们建了很多纪念场地。俄亥俄州的厄巴纳大学有一座苹果种植者约翰尼博物馆，院子里栽种着一些苹果树幼苗，都是从据称是查普曼栽种的最后一棵苹果树培育而来。

Arbor Day

植树节

植树节是种植和颂扬树木的特殊日子。虽然植树节最常在 4 月举行，但在不同的地方也可能在不同的日子庆祝，因为植树的最佳日期因当地气候而异。例如，亚拉巴马州的植树节在 2 月，而佛蒙特州则是在 5 月。

1805 年，一位西班牙牧师发起了第一个现代植树庆

准备移植

祝活动，起名为“植树节”（西班牙语 *fiesta de arbol*）。美国植树节的理念则始于朱利叶斯·斯特林·莫顿（Julius Sterling Morton），他在 1854 年从树木繁茂的密歇根州搬到树木鲜少的内布拉斯加州。莫顿是内布拉斯加州植树活动的一个重要倡导者。他的倡导工作能顺利开展得益于他是一名报纸编辑，能以报纸作为平台宣传自己的理念。在莫顿的指导下，美国第一个植树节于 1872 年 4 月 10 日举行，据说内布拉斯加人在这一天种植了 100 万棵树。1885 年，内布拉斯加州政府正式宣布莫顿的生日（4 月 22 日）为植树节。后来，这个理念传播开来，很快其他州也设立了植树节。从第一次举办植树节开始，孩子们在校园里植树的活动一直是植树节的焦点。1907 年，总统西奥多·罗斯福向美国学生发布了一则公告。他在那则公告中说：“当你为保护我们的森林或种植新森林出力时，你就是在扮演好公民的角色。”植树节的理念迅速传遍世界，今天已经有超过 43 个国家在庆祝这个节日。

另见词条：西奥多·罗斯福［Roosevelt, Theodore（1858—1919）］

Arborist

树艺师

树艺师是专门从事树木养护的人。一般来说，树艺师的工作对象是城市或郊区的树木。修剪树木是树艺师最常见的任务；其他任务有昆虫和疾病鉴别、化学药剂处理应用、土壤改良以及危害状态评定。有的树艺师能用绳索爬树，有的树艺师能在铲斗卡车上工作。树木养护行业是美国第四大致命职业——最常见的死亡原因是从树上坠落，约每三天就有一名树木养护人员死亡。如果业主不再需要活树，有些树艺师会把它们移除，但也有一部分树艺师决定，如果没有不可抗拒的原因，他们将不再移除活树。

另见词条：斯蒂芬·西列特［Sillett, Stephen（1968— ）］

Ash

梣　树

梣树（梣属，*Fraxinus*）是一种复叶树，有点像山核桃树，但它不结坚果，它的种子被包裹在单翅中，随风播散。梣属植物分布在北美洲、欧洲和亚洲大部分地区。美国的梣树拥有丰富多彩的俗称：蓝梣、黑梣、绿梣、红梣、白梣，甚至还有南瓜梣。美国白梣（学名 *Fraxinus americana*）因是制作棒球棒的最佳木材而闻名——尽管现在大多数球棒是铝制的，而且只有美国职业棒球大联盟的球员才被要

梣　树

求使用木制球棒。2008 年，一些美国职业棒球大联盟的球员改用枫木球棒，因为它们更轻，但有一个问题是，枫木球棒有时会被击成碎片。

梣树也会被用来制作一些乐器，比如布鲁斯·斯普林斯汀在《生为奔跑》（*Born to Run*）这张专辑封面上展示的 Telecaster 电吉他，所以如果你喜欢唱《雷霆之路》，你要感谢一棵树。

单宁是大多数植物产生的用于驱赶食草动物的涩味化合物。食草动物和昆虫会避开单宁含量高的植物，因为单宁会对它们的消化系统产生负面影响。单宁对一些微生物也有毒。梣树的独特之处在于它叶子的单宁含量非常低。一项研究表明，绿梣落到湿地中的叶子是林蛙蝌蚪的重要食物来源，而林蛙蝌蚪不会吃其他单宁含量高的植物叶子。虽然在这种情况下缺乏单宁对树木有利，但这也可能是梣树会吸引侵害树木的白蜡窄吉丁（也叫绿灰虫）的原因，这种蛀虫正在杀死数以百万计的梣树。

另见词条：白蜡窄吉丁（Emerald Ash Borer）

Aspen

白　杨

白杨是杨属植物中树皮白色种类的通称。不同于白桦单薄干燥的纸质树皮，白杨的树皮紧致、光滑，不会剥落。它们广泛分布于北美洲较冷的地区，遍及加拿大、北美五大湖区、新英格兰和美国西部的山区。颤杨（学名 *Populus tremuloides*）的种名来自其树叶在微风中战栗的样子，由于这种特性，它们得到了“quaking aspen”这样的俗名。这种独特的运动是因为它的叶茎（或者说叶柄）呈扁平状，而不是更常见的圆形。

白杨是落叶树，通常是山区常青树中数量最多的落叶树。它们的根在地下蔓延，白杨林中的幼树就是这个根系上长出来的。所以，一片白杨林中的树通常都具有相同的基因结构。因此，整个树林可以看作一个单独的有机体。在秋季，白杨树叶会变黄，但由于遗传变异，每片白杨林的颜色都有轻微的差别，变色和随后落叶的时间也会不同。自然界中最美丽的景色之一是落基山秋天的山坡，长有针叶树的区域呈现深绿色，而不同白杨林的大色块都在淡绿色和深黄色之间变化。在那个季节，我们就很容易明白每片树林实际上都是一个单独的有机体了。被我们称作“树”的枝干诞生于根系间，可能会活上100年然后死去，但树根仍然会存活，并在那段时间及未来持续萌发新枝。由于这种生长习性，即使一片白杨林中没有古树，这处有机体也可能已经很古老了。有些白杨的无性繁殖群落已经存在了数千年，犹他州一个名为“潘多”（Pando）的群落据说已有8万年的历史。由于根系每年都在不断扩大领地，潘多现在占地已达106英亩。如果要对这个由“树”和根组成的有机整体进行称重，这将是地球上已知的最庞大的单一有机体。

另见词条：文化改造树（CMT）

B

Baobab

猴面包树

猴面包树（猴面包树属，*Adansonia*）是树界的骆驼。猴面包树属植物生长在干旱地区，能将水储存在它们粗大的树干中。摄影师贝丝·穆恩（Beth Moon）指出，这些树经常形似茶壶、花瓶或水罐等盛水的容器。在南非，

猴面包树

一棵名为格伦科猴面包树（Glencoe Baobab）的树周长有 154 英尺，不过它的树干已经裂开，所以另一棵树凭借 112 英尺的周长成了冠军。除了长得很粗之外，猴面包树还可以活得很久。有文献记载的最古老的猴面包树在 2011 年死亡之前，它已经存活了 2450 年。虽然猴面包树比不上狐尾松（即长寿松，学名 *Pinus longaeva*）的寿命长，但松树是针叶树，而猴面包树是开花植物，因此，猴面包树依然是最长寿的开花植物（关于这一称号还有另一种说法，请参阅词条“白杨”）。

猴面包树属有 9 个不同的种，俗称都叫猴面包树。其中，6 种原产于马达加斯加，2 种原产于非洲大陆，还有 1 种原产于澳大利亚。它们的果实很大，几乎跟椰子差不多，有坚硬的外壳和毛茸茸的外衣。在果实内部，种子被包裹在一种白色的粉末状物质里，这种物质是它生长地的当地人喜爱的小吃。2008 年，欧洲联盟的监管机构批准将猴面包树作为一种食品原料，从那时起，进口的猴面包树果粉在包装休闲食品和饮料中出现得越来越多。你可以留意一下。

在安托万·德·圣-埃克苏佩里的《小王子》一书中，小王子花了大量的时间拔除猴面包树苗，以防它们占领他的小星球。但如今，在地球上，真正令人担忧的是，由于气候变化导致的干旱，猴面包树濒临灭绝。

另见词条：山杨（Aspen）；冠军树（Champion）

Beech

水青冈

水青冈（水青冈属，*Fagus*）是一种具有光滑灰色树皮的树，又叫山毛榉。全球的水青冈有 10 个树种，但数量最多和最重要的 2 种是分布在整个美国东部和加拿大的北美水青冈（学名 *Fagus grandifolia*）以及欧洲中北部最常见的硬木树欧洲水青冈（学名 *Fagus sylvatica*）。

随着水青冈长得越来越大，其侧根会在树的基部形成突起。光滑的灰色树干和底部突起部分组合在一起使水青冈看起来仿佛大象的腿和脚趾。诗人乔伊斯·基尔默对这种树木与土壤的结合有一些不同的看法。他写道："这棵树饥渴的嘴唇紧贴着 / 大地乳汁甘美的胸脯。"所以，无论将树比作动物的腿还是植物的嘴唇，事实都是，这些侧根延

水青冈

伸到地下的距离远超过树冠的直径。在一片健康的水青冈森林中，侧根会多次分支，并与其他水青冈的根、其他植物的根以及菌根真菌相连。从侧根分支出来的不断生长的营养根是无数土壤生物的地下食物来源。这些营养根还会释放出一种化学物质，触发水青冈种子的萌芽。水青冈寄生（学名 *Epifagus virginiana*）是一种从不进行光合作用的褐色小型开花植物。它们完全依赖水青冈的根，没有水青冈的根它们就无法生存。其他生物体也会依赖水青冈。许多即将成为蝴蝶的毛毛虫也以水青冈树叶为食。水青冈坚果还是熊的重要食物，而人类也曾依靠这种果实来维持生存。

另见词条： 乔伊斯·基尔默 [Kilmer, Joyce（1886—1918）]；菌根（Mycorrhizae）；山毛榉树皮病（Beech Bark Disease）

Beech Bark Disease

山毛榉树皮病

山毛榉树皮病目前影响着美国东部、加拿大和欧洲的许多水青冈。这种疾病始于一种白色的、毛茸茸的、不会飞的小昆虫，名叫山毛榉隐绒粉蚧（学名 *Cryptococcus fagisuga*）。这些介壳虫全都是雌性，通过孤雌生殖进行繁殖——这是一种不需要雄性受精的繁殖方式。新生的介壳虫环绕水青冈爬行，最终将它们的针状口器插到树上并开始吸取树液。介壳虫造成的小伤口使真菌孢子进入树体并开始生长。进入树木的真菌是新丛赤壳菌属（*Neonectria*）的，它不是那种能长出蘑菇的真菌，而是入侵树木组织并以活细胞为食的菌类。这种真菌的生长会使树木患上腐烂病，导致坏死区域。当这种坏死区域蔓延到包围整个树干的地步时，树木可能会因为无法输送树液而死亡。巨大、古老的树最容易感染这种疾病。这种病杀死一棵树可能需要很长时间，许多几十年前记录在案的病树仍然存活着。大树死亡后，会在接下来的三四年里从根部生出新枝。通过这种方式，原始树木的基因得以延续，不过因为源自相同的基因库，新枝依然容易感染这种疾病，且随着时间的推移最终患病。

这种介壳虫在19世纪中期就在欧洲有记载，在19世纪末被引入加拿大新斯科舍省。这就是山毛榉树皮病在北美首次出现的地点和时间。从那时起，它开始向南部和西部传播，目前仍在美国各地蔓延。幸运的是，水青冈树群的易感性阈值很高，有些水青冈具有抗病性，所以我们也许仍然能欣赏到一些大型水青冈树。

Białowieża Forest

比亚沃维耶扎森林

比亚沃维耶扎森林是欧洲仅存的大型原始森林，横跨波兰和白俄罗斯边界，已获得国际认可，被列为联合国教科文组织世界遗产。这片森林是许多珍稀植物和动物的家园，包括（重新引入的）欧洲野牛、狼、稀有的啄木鸟、猫头鹰和莺鸟。森林中的树种包括巨大的英国橡树、鹅耳枥和云杉。尽管这片森林非常独特，也得到了国际社会的认可，但在2016年3月，波兰环境部部长扬·希什科（Jan Szyszko，曾是林业教授）还是宣布，他要将森林的采伐量增加两倍。他声称，欧洲云杉树皮甲虫正在蔓延并杀死树木，那些树木需要清除，森林需要间伐。与此同时，反对砍伐这片古老的原始森林的生态学家声明，在这片森林存活的数千年里，甲虫暴发是一种常见现象，没有科学证据表明伐木对森林有益。波兰的环保组织警醒了民众，超过 12 万波兰公民向政府签署请愿书，要求停止伐木。然而希什科仍然支持继续伐木。2016 年 6 月，欧盟委员会介入并开始对波兰政府提起诉讼。欧洲议会和联合国都谴责了这种砍伐行为。2017 年 7 月，欧盟委员会对砍伐行为发出了禁令。希什科无视禁令，直到法院宣布如果继续砍伐，每天将有超过 10 万美元的罚款。11 月，砍伐停止了。2018 年初，希什科被免职。

这只是这片具有悠久且丰富历史的森林众多故事中最近的一个。它的所有权从波兰转移到俄罗斯再到德国，然后又回到波兰和白俄罗斯。1915 年，在第一次世界大战期间，德国人占领了这片地区。在德国人占领的 3 年里，他们在森林里铺设铁轨，建造工厂，砍伐木材，猎杀野生动物。1919 年 2 月，波兰军队夺回了该地区，但该地区的最后一头野牛在那个月前被射杀了。1921 年，森林的核心区域被宣布为国家保护区。1929 年开始重新引进野牛。今天，比亚沃维耶扎森林的核心区域是一个国家公园——波兰国家公园，于 1932 年成立。位于这个国家公园核心区域的是最古老、最原始的森林。参观的游客必须由官方导游陪同，而且团队规模最多只能有 20 人；可以通过步行、骑自行车或乘马车进行游览。每年约有 15 万名游客参观波兰国家公园，其中约 10% 来自其他国家。1995—1999 年，波兰环境部部长将该公园的面积扩大了 1 倍，达到了目前 2.6 万英亩的规模。但 84% 的森林仍在波兰国家公园之外。民意调查显示，超过 80% 的波兰公民希望整片森林都成为国家公园。

另见词条：原始森林（Old Growth）

Birch

桦　树

桦木属（*Betula*）的灌木与乔木包含了许多经常用颜色相关的称谓来描述的树种，如白桦、黄桦、灰桦或黑桦。这些描述性词语来自树皮的颜色。桦树的树皮比它的叶子更多变。桦树叶通常呈尖头椭圆形，有羽毛状的叶脉和锯齿状的叶缘。

桦树分布在整个北半球，北美洲有十几种，亚洲和欧洲约有 50 种。大多数桦树体型偏小，寿命很短，但有些树种，比如美国东北部的金桦（学名 *Betula alleghaniensis*）寿命可达 300 多年，高度可达 100 英尺。

用桦树皮或树液可以制作一种叫"桦木啤酒"的碳酸饮料。当用树皮制作时，通过蒸馏树皮收集有香味的油，然后将油添加到饮料中。当用树液制作时，就像收取枫树液一样割开金桦或黄桦（学名 *Betula lenta*），然后将树液煮沸，制成浓缩的饮料调味剂。桦树的所有木质部分都含有冬青的气味，折断树枝闻一闻是识别它们的一种方法。这种含有冬青气味的油曾被人们称为"冬青油"，它是一种广受欢

金桦树皮

迎的香料。人们曾为了桦树皮大量砍伐桦树，但现在这种油可以合成，桦树因而再次繁茂起来。

Bodhi Tree

菩提树

佛陀是在菩提树下开悟的。大约2600年前，年轻的王子悉达多·乔达摩正在思考人类似乎生来就有的苦难。他来到印度北部比哈尔邦的菩提伽耶，坐在河边的榕树下冥想了三天三夜，终于开悟了。他清楚地看到，人类痛苦的根源是欲望，而欲望是可以被消灭的。从那天起，他被称为佛陀，他的教义成为佛教的根基，而这棵树被称为菩提树。这种树俗称“peepul”，是一种榕树，学名*Ficus religiosa*也很巧妙，意思就是“神圣的无花果树”。佛陀开悟后的第一周就是在菩提树下度过的。第二周，佛陀就站在那里凝视着那棵树。直到第五周，他才开始回答有关他经历的问题。今天，一棵菩提树仍然生长在那个地方——据说是原来那棵树的后代——许多人会去朝拜这棵菩提树。

菩提树

不是所有的 *Ficus religiosa* 都能被称作“菩提树”。只有初代菩提树的后代才能获得这个称号。2300 多年前，初代树的一根枝条在斯里兰卡的阿努拉达普拉扎根，被称为阇耶室利摩诃菩提树（Jaya Sri Maha Bodhi），它是世上已知最古老的人工栽培的树。还有一棵菩提树栽种于 1913 年，生长在夏威夷檀香山的福斯特植物园。

另见词条：无花果树（Fig）

Braun, E. Lucy (1889—1971)[1]

艾玛·露西·布劳恩

1950 年，艾玛·露西·布劳恩出版了她的经典著作《北美东部落叶林》(*Deciduous Forests of Eastern North America*)。为了编写此书，露西·布劳恩和她的姐姐安妮特·布劳恩(Annette Braun)走遍了美国东部。两姐妹出生在俄亥俄州的辛辛那提市，严厉的父母从小就教给她们关于自然的各种知识，植物方面的知识尤多。两姐妹终身没有结婚，一直致力于学习所有关于自然界的知识，并在学习中互相帮助。1911 年，姐姐安妮特成为第一位从辛辛那提大学毕业的女博士；露西在 1914 年成为第二个 (也可能是第六个，说法不一)。

露西研究森林中的植物，确定了各种森林植物群落的范围和类型。她解释说，一些树木很可能由于下伏地质的原因相互关联。在露西收集植物的同时，安妮特在收集飞蛾，用钢笔和墨水为它们绘制详细的插图，最终成为研究最小型飞蛾的世界级专家，并命名了 340 个新物种。姐妹

1 词条中英文人名遵照原文，按照“姓”+“名”的格式书写，不做改动，文中英文人名则采用一般书写格式，即“名”+“姓”。——编著注

俩相伴度过了她们的一生。两个人都是从教书开始的，但最后都离开了教育岗位，摆脱了课程表的束缚，继续自己的旅行和学习。她们在俄亥俄州、肯塔基州和田纳西州度过了大部分时光，并在美国东部旅行了 65 000 英里；但她们的旅程不局限于东部落叶林，她们还到美国西部旅行了 13 次。

不要误以为露西是个乖巧的年长待嫁的姑娘，传说她意志坚定，伶牙俐齿。她以前的学生露西尔·德雷尔（Lucile Durrell）说，当成人团体进行实地考察时，“要在露西想要吃饭的地方吃饭，在露西想要休息的地方休息，她总是全权负责”。德雷尔说，露西认定，任何规定火烧[1]都不该触及俄亥俄州亚当斯县的草原，因为她认为这里的岩石土壤太浅，无法承受火烧。当一位教授问及该县保护区的管理问题时，露西“猛烈地抨击了火烧的做法……她的回应着实尖刻”。

1950 年，露西被选为美国生态学会的主席——她是第一位担任该职位的女性。她不仅是一位优秀的植物学

[1] 规定火烧是林学名词，意为在林区特定林地类型和特定环境条件下，在可控制范围内，为达到某种森林经营目的，按照预定方案有计划地人为点火对可燃物进行清除的火烧措施。

家，还致力于环境保护。20 世纪 20 年代初，俄亥俄州的一个特殊地区引起了露西的注意：那里的含钙基岩催生了大量罕见的野花。通过游说，她使这片现在被称为“阿巴拉契亚边区”的地区受到了保护。最后，在 1959 年，大自然保护协会买下 42 英亩的土地，建立了一个保护区。多年来，得益于慷慨的捐款，保护区不断扩大，如今阿巴拉契亚边区由 11 个保护区组成，占地 20 000 英亩。

她也曾主张保护其他一些地方，但没有成功。1935 年，她在肯塔基州花园俱乐部发表演讲，描述了她的探索之旅：“在佩里县南部，泽木溪的林恩支流旁，有一片我曾见过的最美丽的原始森林……我们穿过未经人类染指的森林，沿着一条模糊的小路走到‘大杨树（Big Poplar）’下，那是一棵巨大的鹅掌楸，周长近 24 英尺。5 个人手牵着手张开双臂才能环抱这棵树。粗大的树干直指蓝天，没有分支，高得看不清树冠上的叶子。我在加利福尼亚以东的任何地方都没见过这么大的树。而这只是那儿众多大树中的一棵……一切都那么安详。灌木丛的繁茂无法形容，到处都是茂盛的草本植物和秀丽的野花……我在其他地方，甚至在大烟山，都没有看到过比那更美丽的森林或更大的树。让我们一起努力，拯救这片地区。”她慷慨激昂的演讲促成了肯塔基州原始森林挽救联盟（Save Kentucky's Primeval Forest League）的成立。然而在1937年，也就是她演讲的两年后，她描绘的那片繁茂的森林遭到了砍伐。

虽然露西已经去世50多年了，但她的“遗产”依然留存。举例来说，在她探索肯塔基州的那些夏天，她和她的姐姐住在松树山住宿学校。露西与在那里担任领导职务的女性成了朋友，并与她们分享了自己关于森林植物的知识。一代人教育下一代，在露西去世后，其中一位女性把这些植物的名字教给了学校的新员工康妮·费林顿（Connie Fearington）。费林顿又教给自己的女儿森夏恩·布罗西（Sunshine Brosi）。布罗西现在是一名植物学教授，正在教新一代的学生欣赏森林和其中的野生植物。

Bullhorn Acacia

牛角金合欢

这种原产于墨西哥和中美洲的小型树与蚂蚁有着极为有趣的关系。牛角金合欢（金合欢属，*Vachellia*）为小蚂蚁提供食物和住所，蚂蚁则又保护树木免受各种食草动物的伤害。树会提供蚂蚁两种食物：长在小叶顶端的富含蛋白质的小结节，以及来自叶柄上的小腺体中富含糖分的花蜜。叶基部成对生长的空心刺尖（“牛角”）则为蚂蚁提供了居所。蚁后会在刺尖上咬出一个小洞，爬进去产下第一窝 15 ~ 20 个卵。这些工蚁孵化出来后，就会离开刺尖很长一段时间，采集植物上的食物。当蚂蚁的数量增长到 150 只，占据了大量刺尖时，它们会开始在植物上巡逻，攻击蟋蟀和山羊等任何以植物为食的动物。蚂蚁拥有扎痛敌人的刺，还可以释放出有警报作用的化学物质，招来一

牛角金合欢

大群蚂蚁冲上去保护植物。结果就是植物受到保护免于被吃。蚂蚁还会“打理”金合欢树根部附近的区域，清除那些可能与它们的树竞争的树苗。

在牛角金合欢上也发现了目前世界上已知的唯一一种素食蜘蛛，它们与这种树形成了一种有趣的生态扭转关系。吉卜林巴希拉蜘蛛（学名 *Bagheera kiplingi*）同蚂蚁一样，以生长在小叶顶端的结节为食。蜘蛛敏锐的视觉和灵活的身手使它们能够避开蚂蚁。可能最先演化出来的是植物和蚂蚁的共生关系，蜘蛛后来才加入其中。

Burl

树　瘤

树瘤是树上的圆形突起，最常出现在树干上。树瘤上覆盖着树皮，但树皮下面的生长模式非常不规则。正如植物学家唐纳德·卡尔罗斯·皮蒂（Donald Culross Peattie）在他对黑梣树瘤的生动描述中所写的那样，它们“看起来像山地的等高线图，像一层层的北极光，像一股掠过清澈白沙滩的深黑汹涌的潮水”。没有两个树瘤会完全相同，而许多种类的树都可能长出树瘤。维多利亚时代曾流行用胡桃树瘤木制作梳妆台。如今，大多数实心树瘤家具都是用红木做的。树瘤也可以切成薄片制成面板。关于树瘤的成因还有许多未解之谜，这方面的研究非常稀缺，最常见的解释是，某些东西对树木造成伤害，而树木的反应就是维管形成层（树皮下面的成排细胞，通常以规则的方式形

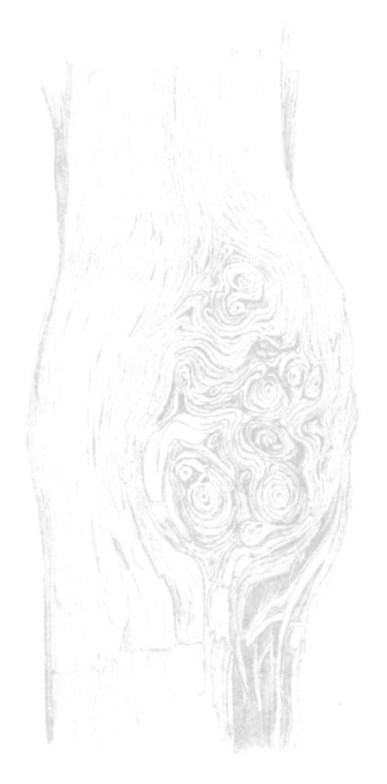

树　瘤

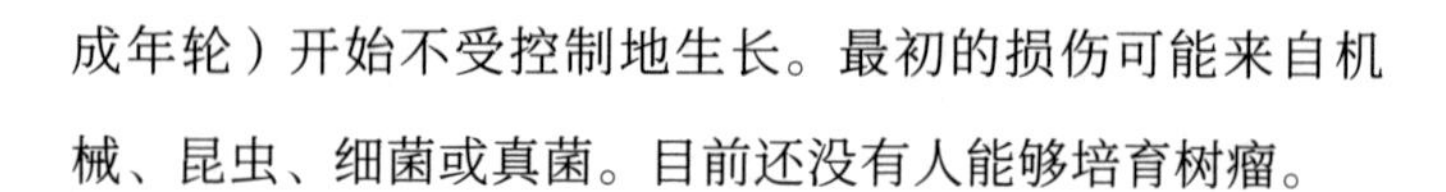

成年轮）开始不受控制地生长。最初的损伤可能来自机械、昆虫、细菌或真菌。目前还没有人能够培育树瘤。

另见词条：分生组织（Meristem）

C

可可树

可可树结出的豆子可以用来制作巧克力。可可树（学名 *Theobroma cacao*）是生长在热带地区的小型林下乔木。它们在南美洲安第斯山脉的东坡上进化，早先被人类从墨西哥南部带到中美洲，后来传到了南美洲的亚马孙盆地地区。现在地球上的热带地区有 2500 万英亩的可可豆生产地，包括非洲大陆——绝大部分可可豆都产于此。

可可树拥有宽大而不开裂的叶子（有点像鳄梨的叶子），会结出硕大的五颜六色的果荚。与大多数水果不同，这种椭圆形的豆荚直接从树干或主枝上长出来。果皮里面有 40 ~ 50 颗棕色的大种子，被甜美的白色果肉包裹着。果肉可以直接食用，也可以用来制作发酵饮料。但让这种植物备受喜爱的是它的豆子——因为它们是巧克力的风味来源。制作巧克力时，人们会让果肉在豆子上发酵以改善风味。发酵后的豆子经过干燥后会被装运到专门的地方烘烤；经过烘烤后，将豆子敲碎并去壳，再将豆

可可豆荚

子研磨成糊状或压制成可可脂和可可粉。这个过程中的不同工序会形成不同类型的巧克力。可可树有10个基因不同、命名不同的变种。不同变种豆子的种类、加工过程中的各种差别造就的巧克力的细微差异备受鉴赏家们的青睐。

人类种植可可树已有近4000年的历史。有证据表明，早在公元前1700年，人们就用可可豆制作饮料。来自可可树的巧克力似乎有一种令人无法抗拒的魅力。作家詹姆斯·帕特森说："如果这些科学家善用他们的才能……就不会有人挨饿，不会有人生病，所有建筑物都能防震、防弹和防洪。整个世界的经济体系会被颠覆，被基于巧克力价值的经济体系所取代。"他是否知道在公元700—1600年间，在中美洲的玛雅文明和阿兹特克文明里，可可豆曾被用作货币。1颗豆能买1颗鳄梨或西红柿，3颗豆能买1颗鸡蛋，100颗豆能买1只火鸡。

Carbon Sequestration

碳封存

当你观察森林时，若看到树干和树枝上的棕色物质，你看到的主要是大气中固化的碳。阳光下的空气和水是光合作用的原料——光合作用是一种改变世界的生化过程，植物和一些微生物可以借此制造自己的食物。在这个过程中，空气中的二氧化碳会被储存在化合物（如糖、淀粉或纤维素）中。然后，这些分子会被用来提供能量或构造植物。当构造植物的分子形成时，原先存在于大气中的碳就被“封存”在植物中。树木可以长得非常高大，并将这些含碳分子保存很多年。直到木本植物烧毁或腐烂，这些碳才会被释放出来，回到原来的空气中。

二氧化碳可能是光合作用速率的一个限制因素，而随着大气中碳含量的上升，光合作用的速率也在上升，但还是跟不上燃烧化石燃料向大气额外排放碳的速度。化石就是很久很久以前植物封存的碳。陆地植物现在吸收了我们额外碳排放量的大约 30%。一棵树越大越老，它每年可以封存的碳就越多。原始红杉林每英亩储存的碳比地球上任何其他森林类型储存的碳都多。

另见词条：罗伯特·T. 莱弗雷特 [Leverett, Robert T.（1941—　）]；红杉亚科（Sequoioideae）

Catface

猫脸斑

猫脸斑是在树皮剥除的地方，树木的愈伤组织为修复损伤而形成的一种树干上的瘢痕。这个词起源于为了采集松节油在树皮上刻的图案。美国最早的松节油采集行动针对的是新英格兰的刚松，但在独立战争爆发后的1776年，松节油生产转移到了北卡罗来纳州、南卡罗来纳州、乔治亚州、亚拉巴马州、路易斯安那州和佛罗里达州的长叶松林。在松树皮上划出“V”字形，汁液会从“V”字形底部滴到锡锅里，再将收集到的汁液蒸馏成松节油。在第一个切口停止滴液后，就在“V”字形伤口的上部继续剥除更多树皮，使瘢痕变宽，产生更多的液体。树干上的树皮被逐渐剥去，留下的瘢痕可能达10英尺长、2英尺宽。不断出现的“V”字形划痕凿破了树皮下的木头，形成了一种胡须状的外观，因此被称为“猫脸斑”。这些工作大部分是由奴隶或囚犯完成，松节油也成了美国南方的大宗出口产品，仅次于棉花和大米。美国松节油生产的高峰是在19世纪30年代。在这个时期的佛罗里达州，松节油生产的经济重要性仅次于柑橘。松节油生产中使用的大多数树木最终都因这样的采集流程而死亡，被砍伐，用作木板。1870—1930 年，在大约两代人的时间里，南方曾经占地 1.3 亿英亩的原始长叶松林几乎被摧毁殆尽，松节油产业也消失了。时不时，人们还能发现一棵带有猫脸斑的树。

今天，这个术语用来指代树干上的任何瘢痕。形成瘢痕的一个常见原因是低强度的地面火灾。在地面附近，也就是上坡处针叶和树枝堆积于树干基部附近的地方，火焰的温度最高。这样的火灾会破坏树皮下的形成层，造成瘢痕。火灾导致的瘢痕呈三角形，靠近地面的部分最宽。树木会试图闭合瘢痕，但在受伤区域闭合之前，经常还会发生新的火灾。

一位来自密歇根州上半岛的老护林员说，他们还用“猫脸斑”这个词来指代被新型卡特彼勒拖拉机损坏的树木。在过去驾马车伐木的时代，伐木工在滑动原木时，会小心翼翼地避免撞到立着的树木，因为那样会对马匹造成伤害。但在使用重型设备采伐的时代，机械和原木经常刮伤立着的树木，并留下瘢痕。

另见词条：文化改造树（CMT）；松树（Pine）

Cedar

雪　松

“雪松”这个词出现在许多树木的俗名中。有些名字中包含这个词的树木彼此密切相关，有些则不然。例如，东部红雪松（即北美圆柏，学名 *Juniperus virginiana*）是一种柏树，而不是真正的雪松。而在美国西北的太平洋地区或加拿大不列颠哥伦比亚省的古老森林中，以其规模和复杂性而令人惊叹的西部红雪松（即北美乔柏，学名 *Thuja plicata*），也不是真正的雪松。将这两种树称为“柏树”会更正确，因为这才是它们所在的植物科［这是一个非常大的科，包括红杉、巨杉（学名 *Sequoiadendron giganteum*）、落羽杉（学名 *Taxodium distichum*）和刺柏等］。没有一种真正的雪松原产于北美。你可能熟悉的真正的雪松有羽毛状叶子的喜马拉雅雪松（学名 *Cedrus deodara*）或呈旋球状针叶簇的黎巴嫩雪松（学名 *Cedrus libani*）。数千年来，真正雪松的芳香和驱虫特性一直受到人们的赞赏。“新大陆”的树木被随意地误称为雪松，是因为它们也有芳香的特性。想一想宠物店里仓鼠床具的味道或者铅笔屑的味道你就明白了。

《吉尔伽美什史诗》是已知的西方文学作品中最古老的一部。它在公元前1700年被人们刻在石碑上，正是《希伯来圣经》中记载的事件发生的年代。《吉尔伽美什史诗》和《希伯来圣经》都讨论过砍伐雪松林的事情。《吉尔伽美什史诗》的故事背景设定在“文明的摇篮”——底格里斯河-幼发拉底河流域。在这个故事中，文明而自负的吉尔伽美什和山地人恩启都为实现一个共同的目标——物质财富而合作。实现的手段是砍伐用于建造宫殿和庙宇的大型老雪松木材。

但在古代，人们认为森林受到神的护佑，或者受到神赋予权力的凡人的保护。根据《吉尔伽美什史诗》记载，可怕的巨人洪巴巴守护着黎巴嫩雪松，吉尔伽美什和恩启都准备前往森林同洪巴巴战斗。故事里，他们到达了森林，在看到壮观的树木时感到惊奇和敬畏。

> 常青树的树阴凉爽而舒适，他们的内心充斥着喜悦。茂密的灌木交错联结，松树和雪松的芳香使他们陶醉，奇特的鸟类和野兽的声音使他们惊叹不已。

洪巴巴试图说服他们不要砍伐森林。他说：

“地球上大部分重要和必要的东西都藏在这片古老的森林里，这就是为什么众神喜欢雪松香……在人类出现在地球上之前，这片森林就已经存在了……众神用他们的智慧把我送到这里，他们知道人类贪得无厌、目光短浅，他们会为了发财而砍伐整座森林，黎巴嫩和叙利亚的财富将会枯竭。在我死后只需几年时间，这些树就会全部消失，雪松之地将不再有雪松。”

吉尔伽美什和恩奇都后来杀死了洪巴巴，开始砍伐森林。

黎巴嫩曾经有超过 20 万英亩的雪松林，而现在连 5000 英亩都不到。

另见词条：柏树（Cypress）

Champion

冠军树

“冠军树”这个术语指的是每个树种中最大的活体标本。正如查尔斯·达尔文在他的经典著作《物种起源》中指出的那样，每个物种都存在个体差异。因此，由于个体的遗传差异以及个体所处环境的差异，地球上每个物种都会在某个地方拥有一个体型上的冠军——该物种最大的活体标本。人类似乎对寻找每种树木中最大的那一棵特别感兴趣。美国《国家大树登记册》创立于1940年，由美国森林组织（前称美国森林协会）管理。

冠军是由一个积分系统裁定的。分数由3个数值决定：树干周长（英寸[1]）、高度（英尺）和平均冠幅（英尺）的四分之一。周长、高度和平均冠幅的数值相加，得到一个总分。每个树种中得分最高的树被评为全国冠军。由于树木不断地生长，最终会死亡，大树的名单总是在变化。

虽然这个测量系统看起来很简单，但树的形状千差万别，确定这3个数值的方法也千变万化。测量一棵树的高度是最麻烦的。过去，很多人都会用倾斜仪来确定树的高度。然而，20世纪90年代，红外测距仪问世，一些人开发了一种更精确的测量树高的方法，称为“正弦法”。这种新方法现在是测量国家冠军树的首选方法。

另见词条：罗伯特·T. 莱弗雷特 [Leverett, Robert T.（1941—　）]

1　1英寸 = 2.54厘米。

Cherry

樱桃树

樱桃树是一种小型树，开白色或粉红色花朵，会结出中间有硬核的黑色或红色果实。亨利·戴维·梭罗在他的文章《森林树木的演替》(*The Succession of Forest Trees*)中谈到了这种果核：“看，樱桃的种子摆放得多么巧妙，叫鸟儿不得不将其传播——就在诱人的果皮中间，所以吞食果子的动物通常也会把核吃进嘴里。如果你吃过樱桃，而且是一口吃下的，你一定也察觉到了：在美味的果肉中间，有一块泥土味残余物留在了舌头上。”由于(包裹着种子的)果核非常坚硬，樱桃被称为“核果”。其他的核果——全都是李属(*Prunus*)——还有李子、桃子和杏子。

在史前时代，人类就开始食用樱桃果实。甜樱桃的原产地遍布欧洲大部分地区、西亚和北非部分地区。北美也有本土的樱桃树，如宾州樱桃(学名 *Prunus pensylvanica*)、北美稠李(学名 *Prunus virginiana*)和晚花稠李(学名 *Prunus serotina*)。所有种类的樱桃果肉都可以安全食用，但野生樱桃酸得掉牙。果核不宜大量食用，因为其中含有可以转化为氰化物的化合物。

对许多人来说，樱花是一种脆弱的、转瞬即逝的美好之物。在日本，樱花被叫作“sakura”，庆祝樱花盛开的聚会被称为“花见”（hanami）。成千上万的人挤满公园，聚集在毯子上，在盛开的树下吃喝玩乐。这些庆祝活动一直持续到晚上，树上会挂起灯笼，照亮树和树下的人。1885 年，美国公民伊莱扎·西德莫尔（Eliza Scidmore）在日本目睹了这些美好的树木和庆祝活动。回到美国后，她向政府官员提出了在华盛顿特区种植樱桃树的想法。没人理会她的建议，所以她自己筹集资金购买和种植了这些树，并在 1909 年向当时的第一夫人海伦·塔夫脱提出了她的想法。塔夫脱同意了这个计划，不久之后，日本向第一夫人赠送了 2000 棵樱桃树。这些树从日本运到西雅图，然后从那里开始了为期 27 天的华盛顿之旅。但随后农业部的一名雇员宣布，这些树有虫害和疾病，并下令将其销毁。故事本将如此结束，但两年后，东京市长又向美国政府赠送了 3000 棵樱桃树。这批健康的树与 1965 年再次捐赠的 3800 棵一起留了下来。今天，华盛顿哥伦比亚特区的国家樱花节每年都会吸引来自世界各地的人。

樱桃叶是多种毛虫的重要食物来源。在美国东部，最引人注目的毛虫是东部天幕毛虫（学名 *Malacosoma americanum*）。许多毛虫过着独居的生活，但东部天幕毛虫是高度群居的。雌蛾会产下大量的卵，一旦小毛虫孵化，它们就开始合力建造一个白色的“丝质帐篷”（天幕毛虫窝）。它们甚至可能与来自不同卵块的毛虫联合。就像蜘蛛制造并控制用于织网的丝一样，这些毛虫从靠近尾部的特殊孔洞中挤出丝质纤维。年幼的毛虫搭建帐篷，使帐篷最大的一面朝向太阳，为年幼的毛虫在寒冷的春天创

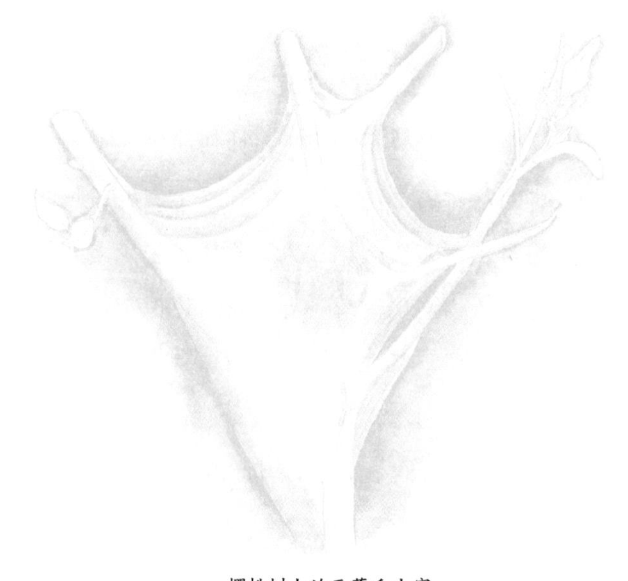

樱桃树上的天幕毛虫窝

造了一个温暖的休息空间。一天三次，毛虫成群结队地出去冒险，扩大它们的帐篷，啃食树叶。如果一只毛虫找到了优质的食物来源，它会留下一条丝状的气味痕迹，引导其他毛虫找到这个地方。虽然许多人对这种毛茸茸的虫子和它们的网感到厌恶，但大多数树木都能从毛虫的啃食中迅速恢复，许多鸟类也能以毛虫为食。

Christmas Tree

圣诞树

圣诞树并非一个特定的树种，任何能带入室内为圣诞节做装饰的常青树都叫圣诞树。在冬季白昼最短的时候将常青树带进屋的传统早在人类有历史记录之前就出现了。由于地区和文化传统各异，将绿色植物带入室内的原因也不同。在一些地区，将绿色植物带入室内是为了促进健康并抵御引起疾病的恶灵；而在其他地区，室内的绿色植物提醒人们，室外的田野和森林将很快复苏，重新绿意盎然。在冬季室内放置绿色植物的传统很可能自然地过渡到了为庆祝圣诞节装饰常青树枝和树木，在波罗的海地区尤其如此。

17 世纪的德国新教徒在室内为圣诞节竖立、装饰树木的习俗特别著名。从那里开始，这一传统通过与德国有联系的皇室传播开来。19 世纪，描绘皇室成员欣赏他们装饰树木的插图进一步宣传了这种做法。在 19 世纪 30 年代的美国，圣诞树还很罕见，但到了 1890 年，它们就很普遍了。现在，装饰圣诞树的传统已经传遍全球。就连梵蒂冈的罗马教廷也会装扮一棵圣诞树。仅在美国，活跃的圣诞树种植行业就占据了 100 万英亩的土地。人们种植、砍伐并出售多种针叶树用于室内装饰，最畅销的树是苏格兰松、花旗松、弗雷泽冷杉、胶冷杉和白松。

美国圣诞树协会（National Christmas Tree Association）成立于 1955 年。这个协会的成员会展开区域性竞争，然后在全美范围内比拼，最终赢得为白宫提供圣诞树的荣誉。获胜的种植者会被宣布为总冠军。随后，白宫工作人员会拜访种植者的农场，选择理想的树。当这棵树被送到华盛顿哥伦比亚特区时，会交给第一夫人，安置在白宫的蓝厅中。

另见词条：花旗松（Douglas-fir）

CMT

文化改造树

CMT是“culturally modified trees”的缩写。人类一直利用天然材料创造艺术和记录信息。有些材料，比如岩石，能长久地固定信息，因此我们拥有有1万多年历史的岩画。如果在同样的时期把艺术品雕刻在了树上，就不会有记录留存，因为那些树早就死了。然而也有例外，在一些古老的树上，保留着几百年前的人类的记录。有些改造只是为了实际用途而收集树皮和木材：可能是收集外层树皮用于编织，或者把内层树皮加工成食物或药物，或者用大块树皮建造庇护所。收集树皮的方法是在树上切一条水平线，然后将树皮从树上撬开，直到可以抓住树皮的底部并向上拉，从而移除长条树皮和内部形成层。树木通常能从这种损伤中痊愈，但它的余生都会留下一道瘢痕。剥树皮的日期可以用树轮年代学的方法来确定。这些树中有许多都被随意砍伐了，但近几十年来，带有此类瘢痕的树被认为是经过文化改造的树木，并作为历史文物被保存了下来。

一些人认为，原住民会通过弯曲和捆绑选定的树苗来改造树木，迫使其畸形生长，或者砍掉幼树的顶部，迫使侧枝占据主导地位。这些人工控制的树苗逐渐生长，成为定向的标识，被称为“路标树”。但这一观点是有争议的，大多数研究人员还没有找到支持它的文献。

把名字和图像刻在树皮上是另一种改造树木的方式。这些树皮雕刻被称为树文。新西兰的莫里奥里人和加利福尼亚州中部及南部沿海地区的丘马什人等原住民也会在树皮上雕刻图像。一些更有趣的雕刻则来自 19 世纪晚期到 20 世纪 60 年代晚期的爱尔兰和巴斯克的牧羊人。这些牧羊人多数都是为了一份工作的承诺移民到了美国。当他们到岗时，却被带到一个偏远的地方日夜看守羊群。这是一项孤独的工作，没有任何乐趣可言。一些人开始在白杨的白色树皮上雕刻信息和图像（通常是女性图像）。当年的浅切口将在次年愈合，形成一个凸起的灰色瘢痕，随着树木的成长，图案越来越突出。这些牧羊人的树文遍布西方世界，现在被视为一种文化资源。许多被雕刻过的树已经走到生命的尽头，倒在了地上。“我不会再回到这里，”蒙大拿州的一座湖边，一根被太阳晒得发白的木头上刻着这样的文字，“除非来钓鱼，也许。”白杨寿命不长，所以这些关于孤独和渴望的信息正迅速消失。尽管早在莎士比亚时代，甚至更早的时候，情侣们就开始在树上刻自己名字

树　文

的首字母，但这种做法现在已经不受欢迎了。小小的首字母不太可能杀死一棵树，但它们仍然是伤口。另一种观点是，有些人反感这些痕迹，认为这会影响一棵树的美观。

另见词条：树轮年代学（Dendrochronology）；白杨（Aspen）

Coppicing

矮林作业

在英国，榛树、鹅耳枥、枫树、柳树、梣树和橡树会被定期砍伐，砍伐后长出的新枝会被定期收割。这就是所谓的矮林作业。有证据表明，人类进行矮林作业已有 6000 年的历史，最开始的作业时间远远早于铁器时代。新枝很容易处理，可以用来制作篮子、栅栏或走道，或用作初生蔬菜的支撑杆，还可以制成木炭。这些树的树桩（也称“树墩”）非常粗大，因为它们已经被收割了几百年。矮林作业的一个好处是可以快速重新生长出尺寸非常可控的木材。另一个好处是不需要重新种植，相对来说土壤更易保持原状。

另见词条：徒长枝（Epicormic Branching），柳树（Willow）

Cultivar

栽培品种

所有的生物都会表现出多样性。人类利用这种多样性选择和培育具有独特特征的植物。这种育种、选择及之后繁殖的结果被称为“栽培品种”，开发它的人有权为它命名，甚至申请专利。新的栽培品种可以是自发产生的（如基因突变），但它必须出现在有栽培条件的地区才有资格申请专利。总部设在瑞士日内瓦的国际植物新品种保护联盟是监督这些法规的组织。如果新植物是通过种子或块茎繁殖的，可以授予植物品种保护证书；如果是通过克隆繁殖的，则可以获得专利。如果是树木，证书有效期为25年，在这段时间内，证书持有人对新品种的繁殖和分配拥有完全的控制权。一些植物育种工作者通过开发受欢迎的新品种而发家致富。

“栽培品种”一词于1923年首次投入使用，并在1960年在全球范围内得到认可。如果你从苗圃买了一棵树，看到它的名字被引号引起来，就说明这是一个栽培品种。例如，“布拉德福德”豆梨（学名 *Pyrus calleryana* “Bradford”）就是豆梨的一个栽培品种，这是一个亚洲树种。这个栽培品种故事是一个好心办坏事的例子。

布拉德福德豆梨的故事始于俄勒冈州的梨园，当时那里正遭受一种被称为火疫（即梨火疫病）的毁灭性细菌疾病。一位植物学家注意到，1908年进口的豆梨能抵抗火疫。他开始试验，用这种来自亚洲的砧木[1]来保护果

[1] 指嫁接繁殖时承受接穗的植株。可以是整株果树，也可以是树体的根段或枝段。

园的树。1916 年，美国派植物探险家来到中国，从豆梨的原产地收集种子，希望在试验中发现更厉害的变种。探险队带来的种子被种在了俄勒冈州和马里兰州的美国农业部站点的试验园里。20 世纪 50 年代，马里兰站的一位园艺师注意到这些树非常迷人。特别是一棵没有刺（其他树则不然）的树，它的外形紧凑优美，没有害虫和疾病，而且能适应所有类型的土壤条件。农业部的员工约翰·克里奇（John Creech）决定繁殖这种树，并以前站长弗雷德里克·布拉德福德（Frederick Bradford）的名字为其命名。1960 年，他把他的新品种投放到了园艺市场。由于这是一个政府生产的栽培品种，没有人需要为繁殖权而付费。苗圃大量繁殖这种树，很快就受到景观设计师和业主的欢迎。起初，这种树似乎很完美：它自花不孕（所以不结任何果实），在花朵最受欢迎的早春开花，秋天时的颜色很漂亮，而且体型相对较小并对称。直到一二十年后，人们才发现问题。第一个问题是，这种树直立和紧凑的形状是由与树干成紧密角度生长的枝条形成的，而因为小角度的枝条比大角度的枝条更脆弱，布拉德福德豆梨在暴风雨中经常断裂。但与第二个问题相比，这个问题显得微不足道：布拉德福德豆梨虽然自花不孕，但任何其他的豆梨都可以使其受精。不巧的是，其他栽培品种也在市面上发行了，一些野生砧木也开花了，蜜蜂到处播撒花粉。于是，布拉德福德豆梨结出了果实，鸟儿吃了果子，随后把种子带到了树篱和林地里。如今，豆梨是一种高度入侵物种，春天，它给高速公路的路边增添了风景，但也给自然保护区的管理者带来了巨大的问题。虽然它们通常被称为布拉德福德豆梨，但这些野生梨树大多是别的品种的果实。这个栽培品种的名字曾经是一种荣耀，现在却令人头疼。

这个故事并不是要阻止大家培育新品种。从荷兰榆树培育出抗病的美国榆树（“新和睦”美国榆，学名 *Ulmus americana* “New Harmony”），或培育出颜色鲜艳的糖枫树（“篝火”糖槭，学名 *Acer saccharum* “Bonfire”），或培育数百个其他品种并不会有任何问题。

Cypress

柏　树

柏树是柏科所有树种的俗名，它包含了许多重要的成员，在本书的其他部分都有详细介绍。刺柏属、所谓的红雪松、红杉、智利乔柏属（*Fitzroya*）和落羽杉都属于柏科（Cupressaceae）。该科在全世界都有分布，从北极到撒哈拉沙漠，包含了130多个不同的树种。一些树种的俗名中包含“柏树”（Cypress）一词，例如大果柏木（学名 *Hesperocyparis macrocarpa*），但多数其他树种则不包含。该科的大部分成员是常绿乔木和灌木，但也有一些不是，如落羽杉，其羽毛状树叶会在冬天凋落。这个科可以称为所有木本科中“最顶级”的家族。它囊括了最高的树［北美红杉（学名 *Sequoia sempervirens*）］、体积最大的树（巨杉）、树围最大的树（墨西哥落羽杉）、分布最广的树（欧洲刺柏，学名 *Juniperus communis*）、南美洲最古老的树（智利乔柏属）和北美东部最古老的树（落羽杉）。它还包含世界上最畅销的一种植物——莱兰柏（学名 *Cupressus × leylandii*）。

莱兰柏实际上是美丽的大果柏木和黄扁柏（也称黄雪松）的杂交种。大果柏木原产于加利福尼亚州中部海岸，黄扁柏原产于更北的地区，从阿拉斯加潘汉德尔，沿着不列颠哥伦比亚省海岸，直到加利福尼亚州北部。通常这些大型常青树不会杂交，因为它们的分布范围并不重叠，但是在19世纪，这些树在威尔士的一个庄园并排种

北美乔柏的原产地范围

植时，其中一棵的花粉接触了另一棵的胚珠，由此产生的种子长成了如今家喻户晓的莱兰柏。育苗人注意到这种快速生长的树木，并开始培育，从 1926 年起在英国各地出售。在类似布拉德福德豆梨的故事中，曾是园艺师梦想的树最终变成了一场噩梦。但莱兰柏太成功了。它们长得太高、太快，遮挡住了邻居的房屋，邻居之间常会发生争执。在威尔士的一起案件中，一名男子因莱兰柏树篱纠纷被枪杀。从那以后，它们就被称为“来自地狱的树篱”。2005 年，威尔士和英格兰出台了《反社会行为法案》（也被称为“莱兰法”），好让当地部门顺利解决有关树篱的纠纷。据估计，在那一年，有 1.7 万起涉及树篱的正式投诉。

在美国，人们仍在种植莱兰柏树篱，并已培育出许多改良品种。然而，在温暖的地区，这些树的寿命很短，因为引起柏树溃疡病的真菌问题日益严重。

另见词条：雪松（Cedar）；栽培品种（Cultivar）；智利乔柏（Fitzroya）；刺柏（Juniper）；红杉亚科（Sequoioideae）

D

Davis, Mary Byrd (1936—2011)

玛丽·伯德·戴维斯

玛丽·伯德·戴维斯编纂了第一部美国东部原始森林遗址清单。戴维斯的《东部原始森林调查》（*Old Growth in the East: A Survey*）第一版出版于 1993 年。在此之前，没有人清楚地知道美国东部现存的原始森林的位置和规模。这项调查是戴夫·福尔曼（Dave Foreman）和戴维斯的儿子约翰·戴维斯（John Davis）的主意。他们选择让玛丽·伯德·戴维斯开展调查，并不是因为她是森林生态学专家，而是因为她在其他项目上（比如她发表的关于法国核工业的文章）证明了自己的研究水平。这项调查是一个重大的成就。正如罗伯特·T. 莱弗雷特所说："从缅因州到佛罗里达州，我一直很钦佩她收集这些信息的方式。天哪，她是不是得对付一些自负的家伙。很少有人能做到她做的事情。我当然做不到。"

除了编纂这份调查报告，戴维斯还主编了《东部原始森林：重新发现和恢复的前景》（*Eastern Old-Growth Forests: Prospects for Rediscovery and Recovery*）这部文集。她也是《野生地球》（*Wild Earth*）杂志（1991—2004 年）

的共同创始人之一，这是一份环保季刊，提醒人们关注美国各地现存的原始森林以及保护它们的必要性。我是这个杂志的读者，深受其影响，其他许多人也是如此。戴维斯已经离世，但她的研究仍然为人所用，备受称赞。

另见词条： 罗伯特·T. 莱弗雷特 [Leverett, Robert T.（1941—　）]；原始森林（Old Growth）

Dendrochronology

树轮年代学

树轮年代学不仅能计算树木的年轮、测量它们的宽度，还能确定它们形成的确切年份。在季节性明显的地方，如温带森林，早春的木材生长颜色较浅，孔隙较多；在夏末，木材颜色较深，密度更大，结果就形成了我们所熟悉的年轮图案。1737 年，法国科学家发现，1709 年一个极其严酷的冬天产生了比其他年份颜色更深的树环。因此，1709 年的树轮成了一个参考点，而树轮年代学就这样诞生了。通过这种方式对年轮进行测算，可以了解到树木所在地区的气候以及气候的变化。它还能提供有关森林火灾频率以及这些火灾严重程度的信息。因为来自同一地区的树木经历了大致相同的天气事件，它们会形成相同的年轮宽度模式（例如，在潮湿的年份更宽，在干燥的年份更窄），这样就可以建立一个年表，将特定的模式指向特定的年份。把特定模式与一个已知事件联系起来被称为“交叉定年和匹配”。欧洲中部的橡树和松树年轮的交叉定年表可以追溯到近 12 500 年前。这些古老的年代记录大部分来自生长在洪泛区的树木，当洪水来临时，河岸坍塌，这些树木就被埋在了泥土下。在水下厌氧环境中，树木没有腐烂，而是变成了类似化石的状态。每棵树本身只有几百年的树龄，但这么长的时间加上这么多的数量，记录便长得惊人。较近的年代记录则来自活树、旧建筑的木材和考古发掘的木材。

还有一种年代记录来自美国西部的狐尾松。这些树生长的地区干燥而凉爽，所以死树不会腐烂，而是完整地留在了地面上。因此，这种树轮模式的长期记录既来自屹立的活树，也来自倒在地上的枯木。

那么这些信息要如何利用呢？树轮年代学家尼尔·佩德森（Neil Pederson）曾确定了世界贸易中心倒塌时暴露

树　轮

在外面的一根木梁来自 1770 年在费城附近建造的一艘船。大卫·斯塔勒（David Stahle，一些同事亲切地称他为“树轮之王”）是阿肯色大学树轮实验室的主任，在那里，他利用树轮数据研究了地球各地降雨模式的变化。

另见词条：树人（Ents）；分生组织（Meristem）；松树（Pine）

Douglas-fir

花旗松

当拯救缪尔森林的那个人去世时，在这片标志性的加利福尼亚森林中，一块纪念牌在他最喜欢的树旁立了起来。不是高耸的红杉树，而是花旗松（道格拉斯冷杉）——熟悉它的人会称之为“道格冷杉”。虽然这种来自美国西部的树是常青树，也像冷杉树一样结球果，但它不是冷杉，而是松科的一员。不过，这种混淆可以理解，

花旗松球果

因为松树的叶子通常是在树枝上成束生长的圆形针叶，而花旗松的针叶是单根的、扁平的，像冷杉一样。松科中另一种具有单根扁平针叶的树是铁杉（铁杉属，*Tsuga*）。由于它们的相似之处，花旗松被赋予了意为“假铁杉”的属名——*Pseudotsuga*（即黄杉属；“pseudo”意为“假冒的”）。

区分这种树和其他树最可靠的方法是观察球果。仔细看它的球果，你会看到类似老鼠尾巴和后腿的东西从球果鳞片之间伸出来。至少当地人是这么说的。他们会给你讲述一个野火席卷森林的故事：老鼠们绝望了——它们要被火焰烤焦了！它们跑到一棵又一棵树上寻求帮助：树皮光滑的大叶槭帮不了它们，有着小球果和薄树皮的铁杉帮不了它们，雪松也帮不了它们。最后，花旗松让它们爬上厚厚的防火树皮，钻进球果里。球果鳞片间的缝隙对于一只老鼠来说太小了，但它们别无选择，只能先把鼻子钻进去。大火穿过森林，烧焦了老鼠的脚和尾巴，但它们得救了！直到今天，人们都可以看到老鼠的后腿和尾巴从花旗松球果的鳞片下面伸出来。

虽然商业种植园里一排排的树看起来可能并不壮观，但花旗松可以活 1000 多年，能长到红杉那么高。世界上有史以来最高的和最老的花旗松都已经消失了，很可惜，它们是被砍掉的。曾经，已知最高的花旗松高 393 英尺，如今最高的是 326 英尺。美国西北部的大型原始花旗松是斑林鸮的重要栖息地。那里也生活着红树田鼠，这是一种小型哺乳动物，以花旗松的针叶为食，并在高高的树枝上筑巢。

有一些人认为，想要拯救俄勒冈州桑提亚姆山谷（Santiam valley）中的原始花旗松，最好的方法是将该地区建成花旗松国家保护区。他们自 2014 年以来一直致力于此，有近 2000 人支持这一设想。国家保护区的设立只能由美国总统或国会宣布，所以要完成这项任务并不容易。

另见词条：缪尔森林（Muir Woods）；斑林鸮（Spotted Owl）

Emerald Ash Borer

白蜡窄吉丁

人们经常讨论这种昆虫，并习惯用其首字母缩写“EAB”来指代它。这种甲虫长约三分之一英寸。正如其名字（意为“翡翠色的梣树蛀虫”）所呈现的那样，它呈现出一种带有美丽金属光泽的翠绿色。当它展开翅盖飞行时，会露出闪闪发光的红宝石色腹部。难怪这一科（吉丁科，Buprestidae）的昆虫也被称为宝石甲虫。EAB 和所有的宝石甲虫一样，呈狭长的椭圆形，头部扁平，尾端呈尖状。这种甲虫原产于亚洲东北部，原本在那里几乎没人注意它，直到它来到美洲并开始造成重大破坏。它最早是在 20 世纪 80 年代末通过木材包装材料引入北美，2002 年在密歇根州首次被确认为是一种会造成问题的入侵性昆虫，从那时起，它蔓延到了美国 22 个州和加拿大的部分地区。各地露营地都树立了标志警告大家不要运输木柴，因为 EAB 可能会借此传播。但它还是继续蔓延，几乎杀死了所到之处的所有梣树，到目前为止“受害者”已有数千万，而且没有放缓的迹象。死去的树往往会在死后一年内折断，为城镇和道路带来危险。种有大量梣树的城市因为清除死梣树的成本面临预算困难问题。与美洲栗疫病的故事相似，林主最好在他们的树变得一文不值之前尽早采伐。

EAB 幼虫制造的虫道

在槐树花芬芳盛开的早春最美时节，这些绿色甲虫飞翔、交配，并在所有梣树的树皮缝隙里产卵。虫卵孵化后，白色的小幼虫马上开始在树皮下吞食柔软的边材。它们咬出来的虫道形成了美丽的蛇形，可惜的是，它们也阻断了水和树汁在整棵树内部的运输，最终杀死了树。幼虫在冬季最冷的时候停止进食，当温度上升到 10 摄氏度以上时恢复进食。当幼虫最终长到大约 1 英寸长，在虫道中化蛹时，其生命周期就完成了。随后，成虫咬破树皮从树里钻出来。由此出现的孔洞形状很像字母“D”，这是 EAB 的标志之一。其他迹象包括树枝枯死、树皮开裂、粗糙外皮脱落、树冠稀疏。啄木鸟捕食幼虫也是一种标志。

目前控制 EAB 的好办法还很少。内吸性杀虫剂的使用成本昂贵，而且只能用 1 ~ 3 年。在有梣树样本的植物园里可能值得一试，但在野外就不实用了。在 EAB 害死了大部分梣树的地方，还有一些“苟延残喘的梣树”幸存，研究人员从它们身上识别出了对 EAB 具有抗性的基因。科学家们正在收集这些树的插枝，希望能培育出具有抗性的树苗。另一种可能有用的控制机制是释放可以杀死 EAB 的寄生昆虫。昆虫学家从中国收集了 4 种不同的类似黄蜂的寄生虫，并对其进行了繁殖、研究和释放。结果有好有坏，但颇有希望。

另见词条：梣树（Ash）；边材（Sapwood）

Ents

树　人

这是一种半树半人的生物，出自 J. R. R. 托尔金包括《指环王》在内的奇幻系列小说。如果树人停在原地太久，会变得更像树。世界各地的童话和神话中出现过很多会走路、会说话的树，而托尔金的树人是这一历史悠久的谱系中最年轻的一族。轻歌剧《玩具国历险记》中的“不归森林”就是一个诞生于1903年的树人族。《会说话的树的故事》（*Tale of the Talking Tree*）中的树来自中世纪的意大利。再近一些的树型角色还有格鲁特，于1960年首次出现在漫威漫画中。几十年来，它时不时重新登场，直到2008年，它成了银河护卫队中的一员。格鲁特是来自另一个星球的植物巨人种族，这一族由于喉头僵硬，其语言几乎无法被听懂，听上去似乎一直在说：“我是格鲁特。”北美东部本土树木协会（Eastern Native Tree Society）在1996年成立时，成员们开始自称“树人”（协会名称缩写正好也是“ENTS”）。

另见词条：罗伯特·T. 莱弗里特（Leverett, Robert T.，1941— ）

Epicormic Branching

徒长枝

徒长枝指的是由休眠芽而来、在木质茎中长出的枝条。随着树木的生长，每个树枝顶端的优势芽会形成一种可预测的生长模式，最老的树枝靠近茎干，而最年轻的树

徒长枝

枝则位于树冠的外圈。然而，这种模式有时会被打乱，新枝可能会直接从树干或较老的树枝上长出来。这种不正常的生长形式对树木的美学和经济质量都有负面影响。人们对徒长枝的了解还不全面，但已经知道有一些因素会对它造成影响。如果一棵树以任何方式受伤，休眠芽可能会占据优势并开始生长。例如，一棵修剪严重的树老枝上可能会迅速长出新芽。这些新芽被称为“休眠芽”，垂直于主枝生长，会形成薄弱的连接点。在某些情况下，树木被砍倒或烧毁后，树干基部的徒长芽会冒出来重新生长，这通常被称为“伐桩萌芽”，这是矮林作业的前提条件。有些树相比其他树更有可能这样。比如桉树烧毁后就会长出新芽。徒长芽是对严重压力的一种反应，需要扩大叶面积以增加树木生存的可能性；换句话说，如果这些“备份”芽不生长，树可能会没有足够的叶子来进行生命所需的光合作用。

另见词条：矮林作业（Coppicing）

Eucalyptus

桉　树

桉树有 700 多个不同的种，除 4 种外，其他树种均原产于澳大利亚。它们作为桉属的成员，通称“桉树”。大多数澳大利亚本土森林都以桉树为主。桉树也是可爱的树袋熊（学名 *Phascolarctos cinereus*）的主要食物来源。杏仁桉（即王桉，学名 *Eucalyptus regnans*，又名山梣树）生长在澳大利亚的塔斯马尼亚州，是地球上最高的树种之一。

桉树枝叶和果实

由于砍伐、气候变化和火灾，这些庞然大物正在减少。

有一首老歌的第一句是“笑翠鸟坐在老桉树上”，说的是桉树上一只澳大利亚小鸟的故事。在澳大利亚，桉树又被称为“树胶树”，而其含有种子的坚硬花瓶状果实被称为“胶果”。当某些种类的桉树被昆虫侵害时，它们会渗出血红色的汁液。树液会形成大液滴，在干燥时变硬。风干后的树液被称为“橡皮糖”。虽然这些“橡皮糖”不能食用，但它们是各地电影院出售的糖果的灵感来源。

桉树在全球各地都有种植，有的是林场种植，用来提供纸浆，有的则是作为观赏植物。它们的种植广为成功。比如加利福尼亚州就有 250 种非本土的桉树。加利福尼亚州在 20 世纪早期鼓励桉树种植，但现在却花很多时间和金钱试图清除它们。你可能很熟悉桉树的清新气味，它被用于牙膏和止咳药等各种产品中。虽然很多人喜欢桉树，但也有不少人讨厌它们。桉树高度易燃，树叶中的油会减缓它们的分解，所以地面上会堆积大量高度易燃的落叶。长在房屋附近的桉树被视为一种火灾隐患。桉树还会从土壤中吸取大量的水，有时会降低地下水位，这更增加了发生火灾的风险。

桉树有许多不同的种类，这也带来了各种各样的树皮图案，其中最漂亮的是彩虹桉（学名 *Eucalyptus deglupta*）的树皮。这种树生长迅速，树皮随生长而落，露出橙色、栗色、蓝色、绿色、棕色和紫色的图案。有趣的是，这是仅有的 4 种不生长在澳大利亚的桉树之一，也是唯一生长在雨林中的桉树——主要分布在菲律宾和印度尼西亚。

另见词条：树胶树（Gum Tree）

F

无花果树

无花果树属榕属（*Ficus*，也称无花果属）。榕属包含850多个树种，形态各异。有些是藤本植物，有些会结出甜美的果实（如牛顿牌无花果饼干中的果实馅料），有些会长出气生根，从树冠上垂下来扎入地下。最后一类被称为绞杀榕，它们的种子可以在另一棵树的树冠上发芽，将根系下送到地面，最终包裹并杀死宿主树。孟加拉榕（学名 *Ficus benghalensis*）通过这种持续的扩展和生根，有几颗长成了世界上最宽大的树。在印度，人们认为这些大树是神圣的。世界上最大的榕树之一位于印度东南部，被称为“蒂玛玛”（Thimmamma）。当地人相信，没有孩子的夫妇若敬奉这棵树，就会在第二年生出孩子。蒂玛玛只是众多榕树中的一棵，也是与榕树有关的众多信仰例子中的一个。在亚洲各地还有其他的榕树受人崇敬，传为神话。由于榕树是热带树种，大多数北美人对它们并不熟悉，但在夏威夷的毛伊岛拉海纳小镇，有一棵巨大的榕树占据了一整座公园，成为一个旅游景点。它是在1873年由镇长种下的，现在是美国最大的榕树。如果你到了那个地方，绝对值得一游。

“菩提树”是一种寿命很长的榕树，它的叶子很大，呈心形，尖端细长。这种树有点像绞杀榕，只是气生根不会缠绕在另一棵树的外面；相反，它们会在宿主树体内找到小裂缝并钻洞，最终占据整棵树。

很少有人知道，最常见的家庭植物之一垂叶榕（学名 *Ficus benjamina*），在其原生地可长到 100 英尺高。难怪可以给它经常换盆！

另见词条：菩提树（Bodhi Tree）

Fitzroya

智利乔柏

智利乔柏只在阿根廷和智利自然生长。它们也是优秀的柏科的一名成员。智利乔柏是南美洲最长寿的树，有一个名为“祖母”（The Grandmother）的样本，树龄超过 3600 年，因而这个树种的寿命位列世界树木中的第二名，仅次于狐尾松。除了长寿，它们也非常高大，是南美大陆上最大的树。安第斯山脉的智利乔柏森林拥有世界上所有森林中第二高的生物量。

树和其他所有植物、动物一样，有一个由两部分组成的学名，这要归功于18世纪时卡尔·冯·林奈的杰出成果。学名的第一部分是属，第二部分是种加词。通常情况下，有许多不同的种共享同一个属名。槭属（*Acer*）有160个不同的种（包括美国红枫，学名 *Acer rubra*），但智利乔柏属（*Fitzroya*）只有1个种，即智利乔柏（学名 *Fitzroya cupressoides*）。这意味着这种树可以用其属名来直接称呼，不会有任何混淆。智利乔柏的一个俗名是Alerce，在西班牙语中是“落叶松”的意思，因其是一种常青树，长有小针叶和球果体，树皮粗糙，呈长条状剥落。早在13 000年前，人类就使用这种树的木材来制造物品。在过去的400年里，由于砍伐和开垦耕地的有意焚烧，这种树的生长范围急剧缩小。结果，它们当中最大的树消失了。目前，损毁智利乔柏活树是非法行为。智利甚至有一个专门保护这种树的国家公园——阿莱尔塞安迪诺国家公园。

森林浴

森林浴是一种在森林里养生的做法，也被称为“Shinrin-yoku”，即日语中的“森林浴”。有趣的是，在日本，描述森林浴的通用术语是フォレストセラピー，是“森林疗法”（forest therapy）的英语音译。不管这种行为叫什么，日本在研究森林对健康的好处方面世界领先。日本全国范围内正在建立一个由100座森林组成的网络，专门用于研究治疗效果。研究表明，花时间在森林中散步可以降低血压、血糖、皮质醇，并提升免疫功能。森林浴对情绪和脑化学也有积极影响。尽管日本研究人员自20世纪80年代以来就一直在研究森林对健康的益处，但直到2005年我在《树木教学》（*Teaching the Trees*）一书中谈到森林浴时，它才开始在西方世界普及。如今，人们可以参加在线课程，甚至获得“森林疗法”的证书。

Ginkgo

银　杏

银杏的叶子形状与其他植物的叶子截然不同。有的物种叶子的扇形叶片外边缘中心有一个轻微的凹陷，算不上分裂成两片叶子，但足以让这个物种被命名为 *Ginkgo biloba*，意为“裂叶银杏”。它的树叶对很多人来说很好辨认，但很少有人意识到这种树的花粉非同寻常——银杏花粉通过风从雄树传到雌树。花粉粒落在雌性微小的生殖结构附近时，它会长出一个花粉管，在花粉管内形成两个游动的精子细胞。最终，精子突破花粉管，游向雌性胚珠，使其受精。虽然这听起来类似于动物受精，但这也是最早的有性繁殖植物（如藻类、苔藓和地钱）所采用的原始繁殖方法。植物学家给这种植物繁殖方式起了一个特别的名字：游动精子受精（zoidogamy）。事实上，银杏是一种出现得很早的树，与后出现的开花树木相比，它很原始。2亿年前，银杏覆盖了地球的大部分地区，为许多恐龙遮挡正午的阳光。但随着时间的推移，恐龙和大多数银杏都从地球上消失了。正如恐龙慢慢被新出现的哺乳动物取代，原始的银杏也被新出现的开花树木取代。这种消亡一直持续到银杏在中国的少数几个小地方自然出现，人们甚至也质疑这几个地方的银杏是否为自然生成，因为这里的树遗传多样性很低，因此有一些科学家猜测这些树木是佛教僧人种的。然而，最近的科学研究证实了这些树木的野生特性。仡佬族世居在中国银杏野生地区，他们遵循严格的传统禁忌，禁止种植或砍伐银杏树。他们用这种方式感恩大树的庇佑。

就像生活在恐龙时代并存活至今的海龟一样，银杏也很“慢”：性成熟慢，进化慢，灭绝慢，死亡也慢。有记录显示，个别银杏树已经活了几千年。

银杏叶

关于银杏叶的药用特性有许多说法。一些人说，浸泡过的叶子产生的蒸汽可以消除鼻窦炎，而另一些人则说叶子有抗衰老的作用，可以提高记忆力。亚洲人会吃银杏果，尽管雌树的果实在腐烂时有一种难闻的气味。由于银杏需要 20 多年才能长到繁殖的年龄，而在此之前，两种性别的树看起来完全一样，所以当人们发现雌树时，它通常已经发育成熟。为了避免这种常见的不招人喜欢的意外，人们培育出了 100% 为雄性的栽培品种。

另见词条：栽培品种（Cultivar）

Guanacaste

象耳豆树

象耳豆树原产于美洲热带地区，分布在墨西哥中部及往南地区。它是哥斯达黎加的国树。象耳豆树最有特色的地方是它的豆荚，因其特殊的弯曲方式，故这种树有“象耳树”的俗称。象耳豆树的学名是 *Enterolobium cyclocarpum*，反映了其豆荚的形状：“cyclo”指圆或轮，

象耳豆树的豆荚

“carpum”源自“carpel”（心皮，是植物果实的一部分）。这种树的心皮以一种不寻常的圆形模式排列，因此豆荚的形状像耳朵一样。

象耳豆树属于豆科，嫩绿的豆荚内的种子其实是可以食用的。一旦豆荚成熟并变成褐色，种子就会变得非常坚硬，经常被用来做珠宝首饰。这种树的宽度往往大于高度，呈美丽的伞状轮廓，召唤人们在炎热气候中享受它的阴凉。它的叶子不简单，是二回羽状复叶，每片叶子由数百个小叶子组成。这构成了一种柔软的、羽毛状的外观，能使光穿过树冠形成光斑。“遮阴咖啡”（即在树荫下种植的咖啡）通常在象耳豆树的树荫下生长。

Gum Tree

树胶树

“树胶树”是全球许多不同树种的共同称呼，这些树胶树彼此之间没有关系，只是有一个共同的俗名。在澳大利亚，桉树被称为树胶树，因为当树皮受伤时，它们会渗出一种叫作“吉纳”（kino）的红色树液。澳大利亚原住民使用吉纳来治疗感冒。在美国东南部，甜胶树（即北美枫香，学名 *Liquidambar styraciflua*）和黑胶树（即多花蓝果树，学名 *Nyssa sylvatica*）都很常见。受伤的甜胶树树皮会分泌一种气味宜人的树脂，这种树脂在其他地方被当作一种珍贵的熏香。黑胶树不会分泌这种物质，所以它的俗名仍然是个谜。正如唐纳德·卡尔罗斯·皮蒂所说：“在美洲大陆上，没有任何人能从这种干枯讨厌的植物里提取出一盎司任何种类的液态树胶。”不过，黑胶树有其他用途。老黑胶树通常是空心的，美国南方的农村人过去常把这些中空的树干切成几段，加上一块木板作为顶，当作蜂箱。在早春，黑胶树（有些人叫它 tupelo，蓝果树）开花的时候，人们还会把这些粗糙的手工蜂箱放在船上，划船到沼泽地。蜜蜂便从蜂箱中飞出，到开花的黑胶树上采集花蜜，由此产生的“蓝果树蜂蜜”（tupelo honey）被认为是世界上最美味的蜂蜜之一。范·莫里森（Van Morrison）有一首非常好听的歌曲名字就叫 *Tupelo Honey*。

在一些地方，甜胶树和黑胶树的市价很低，林业工作者认为它们是“不受欢迎的树种”。在公共花园里种甜

甜胶树的树叶

胶树也有麻烦的时候，因为它们会掉下木质的、带刺的球果。有时，地面上的“胶球”数量会影响遛狗、跑步或推婴儿车的人。由此引发的投诉迫使一些树艺师给树木注射了一种叫作“狙击手”（Snipper）的化学物质。在早春施用“狙击手”后，花朵在受精前就会死亡。没有受精的花，就不会结出带刺的球果。

黑胶树和甜胶树到了秋天都有特别的颜色。最先变色的是黑胶树。尽管林荫小道上的远足者可能还穿着 T 恤，但黑胶树已经从鲜绿色变成了酒红色，这是大自然对即将到来的冬天的第一个预示。黑胶树的叶子永远不会变黄——黄色属于其他树，比如甜胶树。糖槭是无可争议的秋叶冠军，甜胶树仅次于它，拥有十分独特的秋季色彩。在一个完美的秋日，坐在一棵甜胶树下，你会看到绿色、黄色、橙色、樱桃红色、紫色和深栗色，甚至单独的一片叶子也会有多种颜色，真的挑不出哪一片叶子是让人最喜欢的！能忍受那些带刺的球果吗？在这样的一天，能。

另见词条：桉树（Eucalyptus）

H

Heartwood

心　材

心材是树干中央部分颜色较深的木材。树干会把水运输到树的外部，也就是最新的年轮，但树中心不一样，从树年轻的时候开始，中心的年轮就不再包含输送物质的细胞。这些心材细胞基本都成了存储空间。尽管它们在运输或生产方面不再活跃，但较年轻的边材细胞仍然可以合成化合物，如树脂和单宁，并将这些化合物输送到中间的心材。因此，心材不仅比边材颜色更深，而且用于木工制作时更耐候、更耐腐。根据熏制美食的木材产品供应商家“烟博士”（Dr. Smoke）的说法，心材最适合用于烧烤和烟熏。

心材也是美国东部和中西部一个森林保护组织网站的名称。

另见词条：边材（Sapwood）

Hill, Julia Butterfly (1974—)

茱莉亚·伯特弗莱·希尔

这位年轻的女性在一棵红杉树上住了两年，阻止了这棵树被砍为木材。这棵有1500年历史的树位于太平洋木业公司在加利福尼亚州的一处地产上。他们还有许多古老的红杉，所以砍掉这棵也无所谓。希尔以前住在阿肯色州，但用了一年时间从一场车祸中恢复后，她来到了加利福尼亚州。“当我第一次进入红杉林时——那是在灰熊溪——我跪在了地上，哭了起来，因为森林的意志揪住了我的心。”希尔说，“知识、灵性、无言的力量，那种让你毛骨悚然的力量，能明白吗？只要一想起那种力量我就会起鸡皮疙瘩。”

那时希尔才20岁出头，她明白她必须为保护这些森林出力。于是希尔开始了“树坐”活动，自愿在一棵名为露娜（Luna）的树上待了5天，树上搭有180英尺高的木质平台；第二次上树时，她待了两个星期；第三次上树时，她发誓要待到能确保拯救这棵树为止。有一个专门的地勤人员为她提供食物和其他必需品。在树上，她通过太阳能手机接受了许多媒体采访。她还在树上接待了媒体人员和过夜的客人。当太平洋木业公司同意保留露娜和其周围 200 英尺的缓冲带后，希尔终于下来了。双脚在两年后第一次触及大地时，她哭了。

“树坐”活动之后，希尔走遍全球，发表励志演讲，想要说服其他人，他们也有能力为地球发声。希尔的父亲是一位复兴主义牧师，在她小的时候，全家人会一起旅行。显然，当伯特弗莱（Butterfly，意为“蝴蝶”）开始自己的人生之后，她也学会了布道，只不过她是在为森林布道。

J

Juniper

刺 柏

刺柏（刺柏属，*Juniperus*）是一种常绿灌木或乔木，作为琴酒的调味剂而广为人知。其实，琴酒的英文“gin”是“jenever”的简称，在荷兰语中意思就是“刺柏”。做酒用的是刺柏的“浆果”，不过严格地说，它们根本不是浆果，而是肉质的球果——刺柏是针叶植物。与松树那样带有鳞片的木质球果不同，刺柏的球果鳞片膨胀并交错在一起，将坚硬的种子包裹在一个气味辛辣的、蓝色的蜡质外壳中。

刺柏属有50多个不同的种，是柏科的一个属。甚至还有一种以美国林务官吉福德·平肖（Gifford Pinchot）命名的刺柏：平肖刺柏（即红果圆柏，学名 *Juniperus pinchotii*）。有些刺柏的寿命非常长。在西弗吉尼亚州，有一棵东部红雪松（即北美圆柏）据记载已有940岁。（在美国东部只有另外两种树拥有更大的年龄——落羽杉和北美香柏。）在加利福尼亚州，一棵普通的西美圆柏（学名 *Juniperus occidentalis*）有超过2000年的树龄——这几乎与已知最年长的北美红杉一样古老！高大的灌木刺柏（欧洲刺柏）遍布整个北半球，是世界上所有木本植物中地理分布范围最广的。被称为皮农杜松林地（Pinyon-Juniper Woodlands）的植物群落覆盖了亚利桑那州、科罗拉多州、内华达州、新墨西哥州、犹他州、加利福尼亚州和俄勒冈州的大部分干旱地区。在这个广阔的植物群落中发现了 4 个不同的刺柏物种，包括欧洲刺柏。

土生土长的刺柏显现出很大的变异，这些自然变异可能被植物学家标记为亚种或亚种的变种。园艺师支持这种自然变异，并创造了许多栽培品种。栽培的生长形式多种多样，从紧贴地面的常青树，到蔓生的花瓶形灌木，再到

皮农杜松林地

高大的乔木，它们有你能想象到的各种树型。有些长出了金色的叶子，而其他的几乎都是蓝色的。大多数阳光充足地区的景观规划都会在某块地方混合种植刺柏。

有些刺柏品种是雌雄异株的，这意味着植株要么有雄性生殖结构（雄球花，含有花粉），要么有雌性生殖结构（含有胚珠的球果，会长成“浆果”）。来自雄性植物的刺柏花粉非常小，重量很轻，可以随风播散数英里远，很容易进入人的眼睛和鼻腔。刺柏的花粉具有高度致敏性，即使对其他花粉不敏感的人也可能对它过敏。这在得克萨斯州的部分地区尤其是个问题，那里的北美沙地柏（学名 *Juniperus ashei*）会引起一种被称为“雪松热”的过敏反应。由于刺柏花粉会引起麻烦，刺柏的栽培品种仅有雌性。

另见词条：栽培品种（Cultivar）、吉福德·平肖[Pinchot, Gifford（1865—1946）]

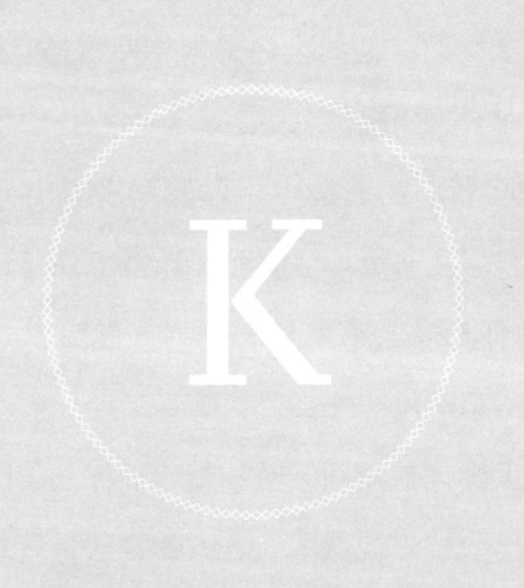

Kilmer, Joyce (1886–1918)

乔伊斯·基尔默

土生土长的新泽西人，写了一首关于树的著名诗歌，名字很简单，就是《树》(*Trees*)。一代又一代的学生都曾被要求背诵这首诗。因为他名叫乔伊斯，许多孩子误以为这位诗人是个女性。他的全名是阿尔弗雷德·乔伊斯·基尔默，但他从不使用阿尔弗雷德这个名字，而是更喜欢使用他的中间名。在人群中，只要大声念出他的诗的第一句——“我想我永远不会看到（I think that I shall never see)”，就会有人接上第二句——“一首像树一样优美的诗（a poem as lovely as a tree)”。

第一次世界大战期间，基尔默应征加入美国国民警卫队，但他的部队被派往法国。官方的说法是基尔默在前线被德国狙击手的一颗子弹打死了，但也有人认为他当时情绪低落，走到前线自杀了。他去世时只有 31 岁，留下了妻子和 5 个孩子。对基尔默的众多纪念地中有一个是位于北卡罗来纳州西部的标志性的乔伊斯·基尔默纪念森林。应海外战争退伍军人组织的要求，这片地区被保留下来并以基尔默的名字命名。这片 3800 英亩的国家森林荒野区是美国东部现存的最大的原始森林区块之一，可以把它看作是东部的缪尔森林。壮美的鹅掌楸高达20英尺，每年吸引着35 000名游客。许多树已经活了几百年——它们种下的时间早在美国独立战争之前，也远比基尔默死时的那场战争要早得多。

另见词条：缪尔森林（Muir Woods）；原始森林（Old Growth）；鹅掌楸（Tulip Poplar）

K

L

Leaf Scar

叶　痕

叶痕是树叶脱落后留在树枝上的可识别的痕迹。不同树种的叶痕之间存在差异，但同一个树种的是相同的，所以叶痕可以帮助识别树木。例如，黑胡桃树的叶痕看起来就像一个卡通猴子的笑脸，“眼睛”和“嘴巴”来自原本从树枝通到叶片的叶脉，它们将水分输送到叶片，并将糖分从叶子上带走。叶痕内的凸起被称为维管束痕，它们比周围的区域颜色更深。梣树的叶痕看起来就像一个夸张的笑容，一排弯曲的深色维管束痕形成了一个线条，两边是颜色较浅的“嘴唇”。叶痕内维管束痕的数量经常被用于分类检索表。例如，欧洲七叶树（学名 *Aesculus hippocastanum*）的大叶痕总是有七个维管束痕。红花槭（学名 *Acer rubrum*）的叶痕总是包含三个维管束痕。

露出叶痕的胡桃树枝

在秋季，当白昼缩短时，多叶的树木向叶子和树枝之间那排狭窄的细胞发送激素信息。

渐渐地，这些细胞从活的变成死的，最终叶子从树上掉下来，只留下它从前存在的痕迹。

Leverett, Robert T. (1941—)

罗伯特·T. 莱弗雷特

莱弗雷特的朋友叫他鲍勃。他因在树木测量方面的革命，特别是在冠军树比赛方面的贡献而闻名。作为一个超级树迷和一个训练有素的工程师，莱弗雷特发现，想要确定树的高度，有一种比当时的测量手段更好的办法。随着激光测距仪的出现，莱弗雷特和其他几个人发明了测量树高的“正弦法”。用这种新方法，把视平激光测距仪对准树顶，得到该点的距离；然后确定从眼睛到树顶的角度（可以用倾斜仪，更常用的是测距仪内置的倾斜传感器）。如果你还记得三角函数，可以想象一个直角三角形，三角形的最长边被称为斜边。通过使用激光测距仪，我们测量出了斜边的长度（从眼睛到树顶），找到角度之后，我们就可以确定正弦值（正弦是一个比率，不同的角度有不同的比率）。然后就可以简单地用正弦值乘以地面到树顶的距离计算出树在眼睛水平上方的高度，再加上眼睛水平向下的高度就可以得到树的总高度。莱弗雷特培训专业人士和巨树爱好者学习了这种新方法。2014年，它被非营利性组织美国森林协会采纳为测量树木的首选方法。目前，莱弗雷特正在将他的测量技巧应用于活体树木从青年到老年的碳封存率的相关研究。

然而，这场源于莱弗雷特的工程学背景的测量革命，只是他长期与树龄很老的原始森林打交道的一次锦上添花。如莱弗雷特所说："树木研究者的测量本能是通过现场记录激活的"。20世纪90年代初，莱弗雷特为《野生地球》杂志撰写文章。他还是马萨诸塞州大多数已知的原始森林的共同发现者。从20世纪90年代到21世纪初，莱弗雷特协助组织了原始森林会议，这些会议促成了《东部原始森林：重新发现和恢复的前景》一书（由玛丽·伯德·戴维斯编纂）的诞生。1996年他与人共同创立东部本土树木协会（ENTS）时，参与这场原始森林运动的一些关键人物当时就坐在他在马萨诸塞州家里的餐桌旁，共饮一瓶杰克丹尼威士忌。后来，这个基于互联网的团体成了国际组织，并更名为本土树木协会（Native Tree Society）。莱弗雷特还与已故的布鲁斯·克什纳（Bruce Kershner）

一起编写了《塞拉俱乐部东北古森林指南》（*Sierra Club Guide to Ancient Forests of the Northeast*），现在这本书已成为收藏家的必藏书。多年来，他始终无偿奉献，不仅记录和保护我们最古老的树木，还分享他对自然之美的深切体会。对那些为森林做任何事的任何人来说，莱弗雷特一直是一位重要的支持者。谢谢你，鲍勃。

另见词条：冠军树（Champion）；玛丽·伯德·戴维斯【Davis, Mary Byrd（1936—2011）】；树人（Ents）

Lorax

老雷斯

老雷斯是儿童读物作家西奥多·盖泽尔（Theodor Geisel，即苏斯博士，Dr. Seuss）虚构的人物。老雷斯出现在 1971 年出版的同名书籍中。他在书中被描述为“矮小、苍老、褐色皮肤、毛茸茸的”，虽然他用两条腿站立，但他总是被描绘成动物的样子，全身覆盖着橙色的毛发，留着黄色的大胡子。老雷斯为保护真心树而勇敢地发声。他说：“我为树说话，因为树没有舌头。”在故事中，老雷斯没能成功拯救那些树。贪婪的老万为了制造Thneeds[1]而把树全部砍掉，破坏了所有曾经生活在那里的动物的栖息地。

Lowman, Margaret (1953–)

玛格丽特·洛曼

人们叫她林冠梅格（Canopy Meg）。她是一位科学家，她知道在林冠层中有一些神奇的现象和相互作用，但因为林冠层很难进入，人们还没有加以研究。洛曼在她职业生涯早期就开始用绳索爬上树顶。她的书《树梢上的人生》（*Life in the Treetops*）记录了这项早期工作。当她开始在马萨诸塞州的威廉姆斯学院任教时，她意识到对一群学生来说，研究林冠层中的生命是多么困难，因此在1992年她设计了美国第一个研究林冠层的步道。洛曼长期以来一直是树冠通道技术的先驱，她的项目包括使用雪橇而非

1 在故事中是一种用树叶做成的时髦配饰。

篮子的热气球通道、起重机通道，以及使用机动上升的绳索通道。洛曼还负责建造了美国第一条公共树冠步道——位于佛罗里达州迈阿卡河州立公园森林中的一座 25 英尺高、100 英尺长的吊桥。她鼓励社区建设树冠步道，促进生态旅游。

洛曼的工作并不限于美国。在埃塞俄比亚，仅存的一些森林中有一部分在东正教教堂周围。森林中的教堂墓地是教堂的传统组成部分，用于进行某些仪式。洛曼正在与牧师们合作，为在剩下的森林周围建立保护墙提供资金。这些墙能防止牛和羊吃掉树木与幼苗。她还培训教会的年轻成员监测森林中的昆虫生物多样性。她的许多项目都是由她在 2004 年帮助创立的树木研究、探索和教育基金会（Tree Research, Exploration & Education，缩写 TREE）资助的。该基金会位于佛罗里达州萨拉索塔，目前洛曼是其执行董事。

M

Maathai, Wangari (1940—2011)

旺加里·马塔伊

旺加里是第一位获得博士学位的东非女性，也是第一位获得诺贝尔和平奖的东非女性。来自肯尼亚的旺加里因她发起的绿带运动而获得了诺贝尔奖。这项运动不仅在遭砍伐的地方重新种植树木，保护公共土地上的森林，还表明了民主和妇女权利的立场。旺加里筹集资金，向村里种植树木的妇女支付报酬，她也经常和她们一起种树。

旺加里在美国上过几年大学。她之所以能够做到这一点，是因为肯尼亚的开国元勋之一托马斯·姆博亚（Thomas Mboya）与美国总统约翰·F. 肯尼迪共同发起的一个名为“肯尼迪空运”（Kennedy Airlift）的项目，让数百名才华横溢的非洲年轻人前往美国接受教育。美国前总统巴拉克·奥巴马的父亲老巴拉克·侯赛因·奥巴马（Barack Hussein Obama）也是肯尼迪空运项目中的非洲学生。这个项目只持续了几年。肯尼迪在 1963 年遇刺，姆博亚在 1969 年遇刺，两人都没有活到 50 岁，但肯尼迪空运项目的成果在后来的几十年里产生了反响。

旺加里死于卵巢癌，享年 71 岁。正如美国前总统奥巴马在他的吊唁信中所指出的："绿带运动的工作证明了基层组织的力量，证明了一个人的朴素想法——集体应该团结起来植树——可以带来改变，首先在一个村庄，然后在一个国家，如今在整个非洲。"今天，在绿带运动的资助下，人们仍在植树。肯尼亚的人们每种活一棵树就能得到 10 美分的报酬。1900 年，肯尼亚的森林覆盖率为 10%，如今只有 2%。尽管绿带运动种下了数百万棵树，但肯尼亚每年仍会损失数千英亩的森林。

MADCap Horse

疯帽马

疯帽马是一个记忆工具，能帮助我们记住哪些树木有对生枝。大多数乔木和灌木都是互生枝，所以如果你看到一棵树有对生枝，你可以把它的身份缩小到以下几种：枫树、梣树、山茱萸（这三种树的英文分别为 maple，ash，dogwood，首字母合在一起就是"MADCap"中的"MAD"），以及忍冬科（Caprifoliaceae，即"MADCap"中的"Cap"，一个包括许多灌木的植物科，如六道木属、毛核木属和忍冬属)。“Horse”(马)代表欧洲七叶树(又称马栗)。虽然七叶树只原产于欧洲南部巴尔干半岛的一个非常小的地区，但它已作为遮阳树被广泛种植。它们与美洲栗(栗属，*Castanea*)完全没有关系。在美国，有很多与欧洲七叶树(七叶树属，*Aesculus*)同属的本地树种，而它们都有一个共同的俗称——鹿眼树。也许应该把这个记忆法改名为“疯帽鹿”。

太平洋山茱萸的对生枝

木　兰

木兰是一种很早就出现的树，在各方面都很出色。正如唐纳德·卡尔罗斯·皮蒂所写："在南阿巴拉契亚山脉的小海湾里，微风吹来了不断倾泻的水流的凉意以及蕨类植物和虎耳草的清新气味，这棵可爱的树无比自在，它的花朵就像漂浮在绿色森林中的睡莲一样宁静地闪耀。"他肯定很喜欢这些树，就像之前和之后的许多人一样，他曾这样描述伞木兰（即狭瓣木兰，学名 *Magnolia tripetala*）："在夏天，宽大、单薄、淡绿色的叶子簇拥在树干的末端形成伞形，似乎正是阿巴拉契亚森林精神的化身，它们或在林下熠熠生辉，或在似乎永远吹拂着山谷的清新微风中静静涌动。"木兰的叶子往往很大，有的叶子可长达 20 英寸，宽至 10 英寸。（木兰树叶掉落时非常显眼！）

木兰起源于亚洲。在很久以前，也就是 5000 万年前，木兰遍布北半球，包括北美洲。1000 万年后，地球急剧降温，北美洲大部分地区喜欢温暖的木兰都灭绝了。幸存的木兰与大基因库断联，随着时间的推移演化成新的物种。最近的冰川运动以及随之而来的气候变化，再次

木 兰

缩小了它们的分布范围并减少了它们的数量。如今在北美洲，木兰物种最多见的地方是阿巴拉契亚山脉的硬木树小海湾。现在到大烟山徒步旅行你可能会看见4种不同的木兰：渐尖木兰（学名 *Magnolia acuminata*）、山地木兰（学名 *Magnolia fraseri*）、北美大叶木兰（学名 *Magnolia macrophylla*）和狭瓣木兰。而这些树并不都是林下树——有些相当高大——要想知道这棵树上的叶子是什么样的，得往天上看。

木兰在物种进化中起着重要的作用，因为它们是最早依靠昆虫授粉的开花植物之一。开花植物第一次出现在化石记录中是在白垩纪，当时已经出现了包括蜜蜂在内的昆虫。如今，我们认为蜜蜂是伟大的授粉者，但早期进化出来的木兰是由甲虫授粉的，直到今天也是如此。它们硕大的花朵不仅为爬行的甲虫提供了坚固的平台，而且花瓣在夜间会闭合，保护甲虫免受恶劣天气和捕食者的伤害。大多数木兰都是自花受精，在花中间大量的雌性心皮下面有着花粉覆盖的体型较大的雄蕊。但由于是近亲繁殖，自花受精的种子可能不会那么有活力。甲虫和所有传粉者一样，能帮助混合遗传物质。

另见词条：鹅掌楸（Tulip Poplar）

Maple

枫　树

枫树是槭属树木的俗称，包括 128 个不同的种，分布在北半球的温带森林中。枫树很容易辨认。它们的种子都是双翅果，在下落时能随风飘扬，而且它们的叶脉从中间的叶基呈辐射状发散。想一下加拿大国旗的样子，那就是一片枫叶。秋天最缤纷的叶子是糖槭的叶子。在美国新英格兰、北美五大湖区、加拿大部分地区以及南至美国佐治亚州的高海拔地区的枫树自然生长地，秋天的枫树色彩总能让人心旷神怡，光是这一点就足以让全世界“赏叶人”前去观赏。唐纳德·卡尔罗斯·皮蒂栩栩如生地描绘了那些斑斓的树叶：“高大的枫树在道路两旁弯曲成拱廊，送出炫目的祝福，人们行走其中，仿佛已经身处天堂。”与这种赏心悦目的视觉效果相匹配的是，在树的维管中流淌的甜美汁液可以被收取并制成枫糖浆——无疑是地球上数

枫树种子

一数二的蜜汁。

红花槭是美国整个东半部地区种植最广且数量最多的落叶树，也是春季最早开花的植物之一，可能还在 2 月，森林就会因为红花槭树梢的花朵染上红色，而这些花为蜜蜂提供了重要的早期花粉和花蜜。不要把这种树与日本红枫（即鸡爪槭，学名 *Acer palmatum*）混淆。虽然红花槭有红色的芽、红色的花、红色的叶柄，它们在秋天变成红色，但叶子是绿色的——大多数日本红枫则不一样，它们体型更小，在整个生长季节都可能生出红叶。日本红枫有上千个已命名的栽培品种，几乎没人能够将它们全部区分开来。

枫木的音色非常好，所以世界上最有名的吉他都是用它制作的，如芬达的 Stratocaster 和 Telecaster 电吉他以及吉普森的 Les Paul 电吉他。

Menominee Forest

梅诺米尼森林

美国国家航空航天局航天飞机上的宇航员可以从太

空中看到威斯康星州一片 23.5 万英亩的森林，因为与周围的土地对比起来，它的绿色轮廓非常鲜明。不过，不一定要成为宇航员才能从太空的角度看到那片森林——只要在电脑上用地图软件看就可以了。大部分的绿色来自美洲五针松、铁杉、糖槭和橡树的树冠。这片森林属于梅诺米尼印第安部落。那里的林业与其他地方的林业十分不同，原因在于森林很大，选择性采伐比较可控。部落在 19 世纪开始采伐，当时的奥什科什（Oshkosh）酋长建议他们“从日出开始采伐，一直工作到日落……当你到达保留区的尽头时，转身，再从夕阳落下向太阳升起的方向砍伐，这样树林将长长久久”。这种林业已经持续了 150 年，并计划至少再延续 7 代人。不过，不用质疑，这就是一片采伐用的森林，电锯、伐木卡车和砍伐下来的成堆木材是参观梅诺米尼森林的一项体验。每年有 6000 英亩的林地被标记为待砍伐，采伐工作由本地和非本地的承包商竞标。在砍伐季节，任何时候都可能有 50 伙工人在森林里劳作。部落拥有一个大型工厂，每年平均砍伐 1400 万板英尺[1]的木材，用于制造木地板、窗框甚至托盘。梅诺米尼森林已

[1] 板英尺（board feet），美国木材行业的材积计量单位。1 板英尺为长 1 英尺、宽 1 英尺、厚 25.4 毫米的板材。——编者注

经成为可持续发展林业的经典范例。尽管有些树木大得惊人，而且树种的多样性也得到了保留，但它的外观和感觉都与无人染指的原始森林不一样。但是，与周围的奶牛场和耕地不同的是，它仍然有着绿色的树冠，而且仍然保留了白色人种来到该地区之前就存在的本地树种。

Meristem

分生组织

分生组织是树木中细胞分裂产生新细胞从而生长的部位。树木的生长方式与动物截然不同。动物全面生长，按比例变大，到了某个点后会停止生长。而树只会长得更宽（通过侧生分生组织）或更高（通过顶端分生组织），而且只要它们活着就永远不会停止生长。树轮是由存在于树皮层下的一圈细胞中的侧生分生组织（也叫维管形成层）形成的。当这些分生组织细胞分裂时，向树的外部移动的细胞成为输送树液的细胞（韧皮部），而向树的内部移动的细胞成为输送水的细胞（木质部）。当一棵树被砍断时，你看到的树轮都是木质部细胞。因此，负责使树干和树枝每年变宽的正是侧生分生组织。顶端分生组织位于每个树枝和根的生长点，那里的细胞分裂导致树枝变长，树木变高。这个分生组织还会产生一种激素，压制它下面的芽。这就是为什么当植物的顶端被修剪时，它会变得“更茂盛”，因为这样其他芽便可以生长了。

另见词条：树轮年代学（Dendrochronology）；徒长枝（Epicormic Branching）；边材（Sapwood）

M

Muir, John (1838–1914)

约翰·缪尔

约翰·缪尔是一位美国早期的自然主义作家。虽然出生在苏格兰，但缪尔最为人所知的是他在加利福尼亚州约塞米蒂谷及其周围的红杉林中度过的时光。他是一个狂热的自然“体验者”，经常登山，爬树，感受风暴的力量。“我在树林里，树林里，树林里，而它们在我心里……”他在给一位朋友的信中这样写道。缪尔清楚地看到了人类是如何破坏自然之美的。最终，他转向写作，试图拯救心爱的地方。他用感人至深的文章说服美国政府将约塞米蒂列为国家公园，从而保护它不受伐木者、食草动物和无人管理的游客群体的影响。西奥多·罗斯福总统在 1903 年访问约塞米蒂时，从有许多特殊宾客参加的正式晚宴中溜走，与缪尔一起露营过夜。在蝴蝶谷巨杉林中庞大的红杉树下，他们讨论了为什么要保护这些雄伟的大树。多亏缪尔的努力，这些树至今仍然屹立不倒，但在树下露营已经被禁止了。缪尔知道，拯救美国自然土地的任务是一个巨大的挑战。他成立了塞拉俱乐部，激励尽可能多的人伸出援手。如今，塞拉俱乐部已有 380 万会员。

另见词条：缪尔森林（Muir Woods）；红杉亚科（Sequoioideae）；西奥多·罗斯福[Roosevelt，Theodore（1858—1919）]

Muir Woods

缪尔森林

缪尔森林是美国西部甚至是全世界最著名的原始森林。这片被森林覆盖的国家保护区之所以如此受欢迎，是因为它离旧金山很近，而且拥有绝对壮观的北美红杉。森林命名者约翰·缪尔曾扬言道，这是“世界上所有森林中最好的树木爱好者纪念地”。这片森林每年有超过 100 万的游客。对一些游客来说，塞满了人的巴士和柏油路面打破了他们的期望，而对另一些人来说，第一次见识古老红杉的体型是奇妙而有趣的经历。

19 世纪下半叶，加利福尼亚州所有的森林都在以惊人的速度被砍伐，其中就包括红杉和巨杉。到 1900 年，只有 5% 的原始森林得以保存，其中的一小块原始森林——在那个时代而言算是很小——是塔玛佩斯山上流下来的红木溪周围的 240 英亩土地。然后，英雄上场了，那就是凭一己之力带来改变的人物：威廉·肯特（William Kent）。肯特来自一个富裕的家庭，他积极参与政治活动。他看到了加利福尼亚州森林发生的事情，于是决定买下那片因难以进入而被伐木者忽略的森林。1905 年，在妻子的鼓励下，他以 4.5 万美元的价格购买了包括那片原始森林在内的 611 英亩土地。然而，就在两年后，当地的一家自来水公司想在小溪上筑坝，建立一个饮用水库，启动了征用程序。当然，就算不被砍伐，那些树也会因水库而死亡——但最可能发生的情况就是先被砍掉。为社区提供饮用水是一个强有力的理由，肯特知道，如果要保护森林，他需要帮助。他的拯救策略是将森林捐赠给美国内政部，以建立一个国家保护区。1906 年，《古迹法》（*The Antiquities Act*）刚刚通过，赋予了时任总统西奥多 · 罗斯福将公共土地作为古迹迅速保护起来的权力。肯特要求以约翰 · 缪尔的名字来命名这片森林保护区，缪尔当时正积极带动公众保护原野。缪尔森林于 1908 年 1 月成为美国第六个国家保护区。

1910 年，肯特当选为美国众议院议员。1916 年，他主导了一项立法，创立了美国国家公园管理局。今天，如果不是他那令人遗憾的反亚裔种族主义倾向，那么人们会很愿意向他表示敬意。

另见词条：约翰 · 缪尔 [Muir，John（1838—1914）]，原始森林（Old Growth），西奥多 · 罗斯福 [Roosevelt，Theodore（1858—1919）]，红杉亚科（Sequoioideae）

M

Mycorrhizae

菌 根

菌根是与树根关系密切的真菌。细小的菌丝可能密密麻麻地缠绕在纤细的树根上，甚至可能进入根部细胞。是的，树和真菌亲密无间。这种关系非常紧密，所以我们给这种组合起了一个名字：mycorrhizae（myco 即真菌；rhizae 即根）。树和真菌是树栖世界中的著名伴侣。但它们并不是“一夫一妻制”的关系。一棵树可能会关联十多个不同的真菌伙伴。并非所有真菌都有能力与树木形成菌根关系，但能够做到的真菌有成千上万种。

长有菌根的树根

最常见的菌根真菌类型能穿透树木根部细胞，让物质的交换更加容易，比如光合作用产生的糖（流向真菌）以及水、氮、磷和微量元素（流向树木）。这种菌根已经存在了数亿年，它们在植物从水中到陆地的早期进化中起了关键作用。

菌根负责在土壤中储存大量的碳。当森林被砍伐时，大部分碳会被释放回大气中。大多数植物与生活在地下并在那里产生孢子的真菌合作，但还有15%的植物，例如水青冈和松树，与能生出典型毒蘑菇的菌根相伴。因此，你所看到的生长在森林地表的蘑菇可能通过地下菌丝体与许多不同的树木相连。植物和真菌之间的这种物质交换关系在19世纪末就有所描述，但我们花了一百多年时间才开始了解其运作方式。直至过去的几十年我们才了解到，树木可以利用这种真菌网络与其他树木分享营养分子，无论它们是否属于同一树种。因此，不仅真菌与许多不同的树木相连并共享资源，树木本身也与许多其他树木相连。树越老，这些联系就越多。森林生态研究人员苏珊娜·西马德（Suzanne Simard）称之为“树联网”（wood wide web）。

O

Oak

橡　树

分辨橡树的种类会让人头晕目眩。橡树在美国有 90 个种，在墨西哥有 160 个，在中国有 100 个——全世界总共有 600 个不同的橡树物种！如果这还不够，它们还会自然杂交，形成很难区分的杂交种。有些橡树是常绿的，有些会在冬季落叶，但它们都有一个共同点，那就是它们的种子都是以我们熟悉的橡子的形式出现的。几千年来，橡子一直是人类的一个重要食物来源。它们也是许多动物的重要食物来源，如野火鸡、鸭子、啄木鸟，当然还有松鼠。

橡树对人类有很强大的影响力。有 14 个国家和地区选择橡树作为它们的国树：保加利亚、塞浦路斯、英格兰、爱沙尼亚、法国、德国、摩尔多瓦、约旦、拉脱维亚、波兰、罗马尼亚、塞尔维亚、美国和威尔士。橡树还具有精神影响力。有文字记载说，橡树的叶子沙沙作响，为古希腊的祭司提供建议，但早在这段记载之前，橡树就具有精神的象征含义。正如詹姆斯·弗雷泽在他的经典著作《金枝》中写道："看来在古代，橡树神、雷神和雨神是为欧洲雅利安人的所有主要分支所崇拜的，而且确实是他们万神殿的主神。”橡树神和雷神在古代被认为是同一个神灵。在当代，爱尔兰的德鲁伊教徒仍在守护他们社区的橡树并与之交谈。

这颗星球上有许多独特的橡树。它们的寿命非常长，据说有不少橡树的年龄超过了1000岁。有一个例子来自英国。如果你听过罗宾汉和舍伍德森林的故事（“劫富济贫”），你可能有兴趣知道，舍伍德森林依然存在，就在英国的诺丁汉郡。事实上，那里有一棵特别的空心橡树——少校橡树（Major Oak），据说它在1216年庇护了罗宾汉。这棵树是英国橡树（夏栎，学名 *Quercus robur*）。因为其庞大的尺寸和蕴藏其中的丰富多彩的故事，1790年开始，这棵树成为一个旅游景点。一个名叫约翰·帕尔默（John Palmer）的当代英国人花了很多时间和心血繁殖这棵树。2000年，他从少校橡树上收集了500个橡子，并将它们埋入盆中培育。两年后，他有了300棵粗壮的树苗。然后他买了一块7英亩的土地，希望能打造一个微型的舍伍德森林。帕尔默说：“准备这块地是一个大工程——栽种树篱，烧掉树篱的废枝，挖沟，在栽种失败的沟道上重新栽种，割草，排水，套袋和除袋，挖井，建造防鹿围栏，修缮进出道路，购买一辆四驱车，把橡树带到围栏里，建造

北美红橡

一个绳索滑轮系统从井里取水，用一个旧浴缸储水，在夏季每隔一天给树苗浇一次水。”凡此种种都源自对橡树的爱！

美国有两棵著名的橡树，据说树龄都超过 1000 年，分别是天使橡树（Angel Oak）和大橡树（Great Oak）。天使橡树是一种南部槲树（弗吉尼亚栎，学名 *Quercus virginiana*），生长在南卡罗来纳州查尔斯顿一个以它命名的公园里。这棵树是一个著名的旅游景点，被称为美国东部最美丽的树。大橡树是一种生长在南加州的海岸槲树（禾叶栎，学名 *Quercus agrifolia*）。它位于卢伊塞诺印第安人佩昌加部落的地盘，被他们称为“Wi'áaşal”。这棵树被高高的安全围栏和上锁的大门保护着，不允许外人随意参观。大橡树长着又长又粗的树枝，枝条伸出来支撑地面，然后又延伸回去。从来没有一张照片能将整棵树拍进去。为了向大橡树致敬，部落赌场中心的主酒吧被设计成一棵巨树。

Old Growth

原始森林

许多不同的人会在不同的场合使用“原始森林”这个术语，因为它没有一个统一的定义。一般来说，它被用来描述长期以来自然发展、很少受到侵扰的森林。也有其他词语用来表示这些古老的、未受干扰的森林：“初生”“初始”“原生”“处女地”或“太古”。然而，当人们试图量化多长时间以前和什么程度的未受干扰才能让森林有资格被贴上“原始森林”的标签时，就会产生困惑。例如，如果一座森林在300年前被砍伐，后来又恢复了自然生长，那该怎么办？它还算原始森林吗？这个时候，对于包含短寿命树种的森林，答案可能是肯定的，但对于红杉森林，答案可能就是否定的了。为了应对这一难题，美国林务局为不同的森林类型提出了不同的“原始森林”定义。另一个问题则是如何定义“干扰”。举例来说，人类砍伐森林当然会使其失去被称为原始森林的资格，但如果完全没有人为干扰，而是一种本地昆虫或龙卷风彻底改变了森林呢？除此之外，参照点也很重要。例如，在美国，17 世纪之前没有任何森林被商业开发利用，所以从 17 世纪到现在，那些躲过砍伐的稀有森林看起来就像欧洲人定居前的样子，这些森林可以被直接判定为原始森林。但是，那些在 15 世纪被砍伐过一次，但在过去 600 年里一直在恢复的旧大陆森林呢？这些森林看起来、感觉起来都很古老（通过常识来判断……），但从生态角度，也许它们与从未被砍伐过的森林不一样。我们可以把这些森林称为“次生”原始森林。想要判定是不是“原始森林”还有一个步骤，那就是检查森林的特征：有没有古老的树（至少有一些树要接近该物种的最大寿命）？有没有一些带空洞和厚皮的枯立木？有没有倒下的大型死树？树冠的光隙如何？有没有倒下的树木造成的坑和土堆？有没有与其他未受干扰的同类型森林中的相似的草本植物？这些都是原始森林的生态指标。有的时候，这些条条框框会让人感到沮丧，

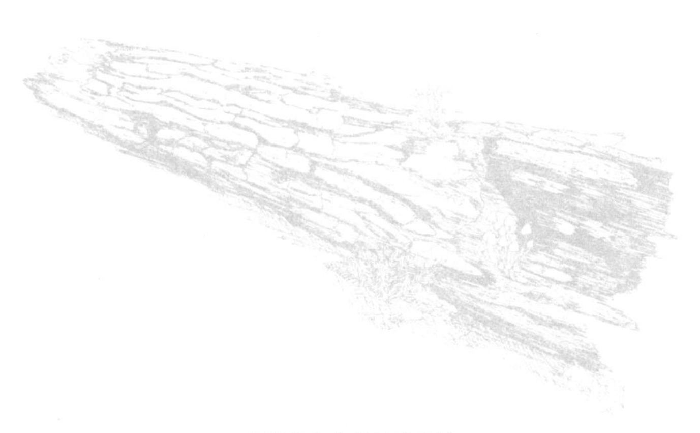

原始森林中倒下的死树

这个称号最终变成了一种主观判断——这片森林相对古老，相对未受干扰；这些森林很罕见。因为找不到更好的词，所以就叫它们原始森林吧。

Overstory

林冠层

在森林中，头顶上的植物层被称为林冠层，而头顶下的植物层被称为林下层。林冠层差不多是“树冠”的同义词，不过在某些情况下，例如在描述原始热带森林时，树冠指的是所有头顶上的植物层，而林冠层是树冠之上的最高的树木层。

“林冠层”（The Overstory）也是理查德·鲍尔斯（Richard Powers）2019年获得普利策奖小说的标题，小说描述了一群被树木的力量所感动、试图保护它们的人。这部小说大受欢迎的一个结果是，在谷歌上搜索“林冠层”一词，出现的更可能是对这部小说的评论，而不是生态学描述。

仰望林冠层

P

Palm

棕榈树

棕榈树的躯干很高，枝叶部分呈星号形状，对北美和欧洲的大多数居民来说意味着“度假”。当他们刮去挡风玻璃上的冰时，他们的朋友正在发布热带海滩上一排排棕榈树（棕榈属，*Trachycarpus*）的照片。确实，棕榈树只生长在热带地区。严寒会杀死棕榈树的顶芽——自然界中最大的芽，包含棕榈树顶部新一年的生长要素。当顶芽死亡时，树就会死亡。与本书中其他既向外又向上生长的树木不同，棕榈树主要向上生长。它们不会随年龄的增长而变宽，因此它们不会留下年轮。

为什么棕榈树与其他树如此不同？其实，所谓的“树”，是指一切具有高大躯干和叶子的植物，而不是指一种特定的植物。树与树之间不一定有紧密的联系。事实上，棕榈树与草坪上的草的关

椰子树（属棕榈科）

P

系都比它和枫树的关系更近。任何研究过植物的人，即使是最初级的研究，也可能记得，所有开花植物都分为两大类：单子叶植物和双子叶植物。单子叶植物有长而薄的叶子，叶脉平行，花瓣为 3 或 3 的倍数。双子叶植物有更宽阔的叶片（阔叶），叶子上的脉络更复杂。本书中所有其他树木都是双子叶植物或针叶植物，只有银杏和棕榈树例外。棕榈树是单子叶植物，就像草、百合和水仙花一样。棕榈属有 2600 个不同的种，它们各不相同：有的矮，有的高，有的有刺，有的没有刺。虽然大多数棕榈树的叶子是绿色的，但也有那种叶子呈银蓝色的华丽的棕榈树。有的棕榈属植物，如椰子树和椰枣树，是动物和人重要的食物来源。

有时候，生活在适宜棕榈树生长的气候条件下的人，会痴迷于种植各种各样的棕榈树。诗人 W · S. 默温（W. S. Merwin）就是这样一个人。在他位于夏威夷毛伊岛的 19 英亩大花园里，他栽种了 400 个不同种的棕榈树，数量超过 2700 株。他的诗《棕榈》（*The Palms*）就是对那些树的致敬。诗里有一句是这样的："有些叶子是水晶，有些是星星 / 有些是弓，有些是桥，还有些 / 是手 / 在一个没有手的世界里。"默温于 2019 年去世，但他的花园保存了下来，游客可以预约参观。

Pinchot, Gifford（1865—1946）

吉福德·平肖

平肖出生在一个富裕的政治世家。他的父亲是一位自然保护主义者，因此建议儿子吉福德研究美国的新领域——林业。当时，森林被砍伐，随后被抛弃，没有切实的“管理”来确保森林资源得到保护。当平肖告诉他的一位教授他想研究林业时，教授回答说，美国的大学没有林业课程，因为这是一个冷门学科，所以没有人教。1890年，平肖从耶鲁大学毕业，然后游历欧洲，亲眼看到了那里科学的森林管理。1892年他完成了学业和旅行，开始管理范德比尔特大学在北卡罗来纳州的庄园（即比特摩尔庄园，Biltmore）周围的12.5万英亩森林。也是在那一年，他遇到了约翰·缪尔，他们一起在阿迪朗达克山脉露营。两个人都热爱自然界，但平肖认为自然界应该得到管理并产生收入，而缪尔则认为应该为了美好的风景和生物多样性而保护自然。最终，平肖和缪尔的分歧越来越大，他们的友谊因在加利福尼亚州约塞米蒂国家公园建造赫奇赫奇水坝一事而破裂。平肖赞成建大坝，而缪尔反对。

平肖在比特摩尔庄园只待了几年，随后成为纽约的一名林业顾问。他聘请了一位名叫申克（Schenck）的德国林务员来执行他在比特摩尔庄园的采伐计划。关于受命开展的大溪一带的砍伐事宜，申克这样写道：“山谷里有我所见过的最美丽的树，高耸的鹅掌楸下长着巨大的栗树、红橡树、椴树和楞树。”这片“绚烂而原始的森林”很快就要被砍伐并送往工厂——由他亲手执行，因为他觉得自己不能违背平肖的命令。砍伐之后，他感叹道：“大溪的河床上曾经遍布杜鹃花，河底被长满青苔的岩石染绿，水里全是溪红点鲑，现在却变成了一条废弃的小道，一条只剩残破河岸和乱石的干涸沟壑。”

与此同时，在纽约，平肖通过他的家族关系参与了政府工作——奉命监督美国林务局的建设。这项任务于1905年完成，而他成了总统西奥多·罗斯福手下的第一任局长。罗斯福卸任后，平肖继续为保护国家森林而效力。即使在被那些对国有土地没有强烈感情的人解雇后，平肖也从未停止过“政治活动”，为保护他和罗斯福创造的土地而努力。

平肖出生于康涅狄格州，早年大部分时间生活在纽约，后来在新罕布什尔州上学，在北卡罗来纳州工作，最后搬到华盛顿哥伦比亚特区，领导林务局，但他却在

1922 年当选为宾夕法尼亚州的州长。这是怎么回事呢？虽然他在宾夕法尼亚州待的时间很少，但他的家族与宾夕法尼亚州（尤其是米尔福德镇）有很深的渊源。他的父母在米尔福德建造了一座 6.6 万平方英尺的豪宅“灰塔”（Grey Towers），在平肖 21 岁生日那天竣工。今天，灰塔向公众开放，内设有平肖研究所。

在人生的最后阶段，平肖变得更像一个自然保护主义者。这一点在他的书《林务员的训练》（*The Training of a Forester*）的修订版和最终版中体现得很明显。在最后一个版本中，他讲到了森林的美丽和其他依赖森林的生物——这些内容在早期版本中是没有提到的。平肖创立了美国林务员协会（Society of American Foresters），并通过该组织批评传统伐木造成的破坏。除了缪尔森林中那棵“最完美”的树，宾夕法尼亚州一座州立公园和华盛顿州的一座国家森林也以他的名字命名。他的独子吉福德·布莱斯·平肖（Gifford Bryce Pinchot）创立了自然资源保护委员会。

另见词条：花旗松（Douglas-fir）；约翰·缪尔［Muir, John（1838—1914）］；缪尔森林（Muir Woods）；西奥多·罗斯福［Roosevelt, Theodore（1858—1919）］

Pine

松　树

松树是一种常青树，有成簇生长的针状长叶。针叶的长度和一簇叶中的针叶数量是辨别其身份的关键。世界上有126种松树，分布在北半球各地。其中，体型最大的松树是生长在加利福尼亚州的糖松（学名 *Pinus lambertiana*）。最古老的是狐尾松，也生长在加利福尼亚州，已经4600岁了，另有一棵狐尾松曾长到了4900岁，结果被一个不知道它年龄的研究人员砍掉了。狐尾松生长非常缓慢，体型不算很大。它生长的地方干燥、多石、常有大风，不利于其他树木、昆虫或真菌的生长，它也因此具备了生长优势。

另一种顶级的松树是东部白松（即北美乔松，学名 *Pinus strobus*），是美国东部最高的树木之一，可以活到400岁。这种树在美国独立战争中发挥了很大作用。当英国要求占有这些高大挺拔的树木并用于建造他们的海军舰艇时，移居者发起了反抗。第一面独立战争的旗帜上就画着一棵白松。英国最终输掉了这场战争，但这对松树没有任何帮助。“和许多忙碌的魔鬼一样”（引用亨利·戴维·梭

P

罗的话），美国人继续从事持续了一百多年的伐木业，几乎砍掉了所有古老的白松。在美国更南的地区，生长着为木材工业提供原料的高大笔挺的长叶松（学名 *Pinus palustris*）。

松树产生两种球果：一是纸质的雄性球果，在掉落到地面之前会释放黄色花粉；一是木质的雌性球果，可能需要数年才能完全发育。种子是在木质球果内发育的。大多数松树的种子很轻，靠风播散，而其他松树的种子较大，

西黄松的松果

由鸟类和小型哺乳动物传播。人类也喜欢吃一些松树的松子，比如科罗拉多果松、意大利松和亚洲松树。

Proforestation

林地保育

林地保育指的是让现有的森林发挥其生态潜力。这是气候科学家威廉·穆莫（William Moomaw）在 2019 年首次使用的术语，他在《森林与全球变化前沿》（*Frontiers in Forests and Global Change*）期刊登载的《美国的完好森林：林地保育缓解气候变化并造福人类》（*Intact Forests in the United States: Proforestation Mitigates Climate Change and Serves the Greatest Good*）一文中介绍了这个术语。穆莫和他的合著者苏珊·马西诺（Susan Masino）、爱德华·费森（Edward Faison）指出，人们经常提到用林地复育和植树造林来吸收大气中多余的二氧化碳，但让现存的森林继续生长——林地保育——其实是一种更有效的吸收二氧化碳的方法。因为为制作木材产品而砍伐成熟的森林会将土壤中的碳释放到大气中。此外，年轻的树木不能像老树那样封存那么多的二氧化碳，而且许多种下的幼树在成熟之前就已经死亡。通过让森林不受阻碍地生长，可以更多地清除大气中的碳；同时还有一个附带的好处：在这些不受干扰的森林中，生物多样性会得到保护。

另见词条：碳封存（Carbon Sequestration）

P

R

Reforestation

林地复育

林地复育是指在曾经有森林而后消失的地方植树造林。通过种子库和附近森林种子的散播让天然森林回归，也可以实现林地复育。5000 年前，地球的森林覆盖率为 46%；目前的森林覆盖率约为 31%。由此可见，许多曾经是森林的地区遭受了砍伐。帮助森林恢复能够让这些地区的土壤得到巩固，控制径流和侵蚀，并扩大野生动物物种的栖息地。

Roosevelt, Theodore (1858—1919)

西奥多·罗斯福

罗斯福在 1901—1919 年担任美国总统。美国历史上最著名的露营旅行发生在 1903 年，当时共和党人西奥多·罗斯福总统与作家兼探险家约翰·缪尔在加利福尼亚州的约塞米蒂国家公园共度了几天。缪尔说服罗斯福，国家需要保护更多的公园土地，而罗斯福也支持了这项提议。他经常被称为“保护区总统”，因为他在任职期间，利用自己的职权建立了150个国家森林、51个鸟类保护区、18个国家保护区、4个国家禁猎保护区和5个国家公园，总面积近2.3亿英亩。在奥巴马之前，没有哪位总统实施过如此大规模的土地保护措施。罗斯福说：“这是你们的国家。为了你们的孩子和你们孩子的孩子，请珍惜这些自然奇观，珍惜自然资源，珍惜历史和浪漫，把它们当作神圣的遗产。不要让自私的人或贪婪的利益侵蚀你们国家的美丽、财富或浪漫。”他还说：“没有什么比保护美丽更实在的了。”

另见词条：约翰·缪尔［Muir, John（1838—1914）］

S

Sapwood

边　材

边材指最靠近树干外部树皮覆盖部分的浅色木材。边材是最新生成的木质纤维，也是水从根部主动流向叶子的地方。在年轻的树木中，所有的木材都是边材，但随着树龄的增长，中间最老的导水细胞停止工作，颜色变得更深。在大树中，边材区域看起来像一个浅色的圆环，围绕着中间深色的心材。边材和心材一样坚硬，但由于它有更多的水分和糖分，而油和蜡较少，所以更容易受到真菌和昆虫的影响。

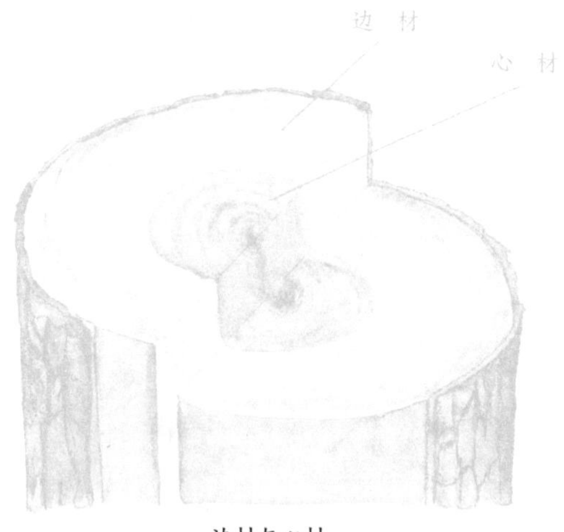

边材与心材

Sequoioideae

红杉亚科

红杉亚科是柏科的一个亚科，俗称为红木。红杉亚科的树都很特别。构成这个亚科的三个物种包括世界上最高和最大的树木。其中两种，北美红杉和巨杉分布在美国加利福尼亚州，第三种水杉分布在中国。这三个物种都非常古老，是红杉亚科漫长谱系最后的代表。北美红杉原本有四种近亲，但都已经灭绝了，包括在黄石国家公园成为化石的那一种。

巨杉没有已经灭绝的近亲，但它的生存范围一直在缩小。这种树在恐龙时代很常见，当时它在欧洲、北美、新西兰和澳大利亚都有分布。想象一下在它的树荫下睡觉的奇形怪状的动物！目前，它只出现在加利福尼亚州西部内华达山脉非常有限的地区，而且范围还在继续缩小。巨杉的寿命可以超过 2000 岁。19 世纪末至 20 世纪初，地球上大约三分之一的巨杉被砍伐。90% 以上的北美红杉也是在那时被砍伐的。幸运的是，现在美国的州立公园和国家公园几乎把所有剩余的原始森林都保护起来了。

第三种树——水杉的故事，就像童话一样。通过研究化石记录，人们确定了水杉属原来有五个种；与它的两个姐妹树种一样，水杉在全球各地都有分布。这些树在6500万年前导致恐龙灭绝的事件中幸存了下来，但后来，大约在200万年前，它们从化石记录中消失了。想象一下，当发现一个仍然存在的水杉物种时，人们是多么兴奋啊！20世纪40年代，有人在中国长江边的一个小山谷里发现了水杉。因此，与除了在加利福尼亚州（和俄勒冈州的一片小地区）之外都灭绝了的北美红杉和巨杉不同，水杉在北美消失了，但在中国依然存活。1947年，水杉的种子被收集起来，送往重点大学和植物标本馆。现在它们已在全球广泛种植。虽然这些树不再是“野生”的，但在人类的帮助下，它们再次扩大了在地球上的存活范围。

另见词条：约翰·缪尔[Muir，John（1838—1914）]；原始森林（Old Growth）

Sillett, Stephen (1968–   )

斯蒂芬·西列特

西列特曾爬上世界上最高的树，研究在树冠上生活的生物。西列特最初是一名对植物有着广泛兴趣的植物学家，但他很快就对所有树木中最大的植物顶部发生的事情产生了兴趣。他在美国东海岸长大，但选择在俄勒冈州波特兰的里德学院接受本科教育。1987 年大三的时候，他和一个朋友在加利福尼亚州的大草原溪红杉州立公园徒手攀登上了一棵古老的红杉。在树冠上目睹的生命令他感到震惊：地衣、土壤、灌木、昆虫——红杉树的顶部滋养着许多其他的生物！那是没有人研究或描述过的生态系统。西列特找到了自己的定位，但他花了好几年时间完成了其他一些研究项目后才开始认真研究红杉树冠。

他旅程的下一步是利用早期树冠研究人员教给他的技术学习攀爬高大的树木，如花旗松。凭借索具和普鲁士抓结，研究人员能够上下移动，但仅此而已。有时，西列特甚至使用伐木工人的传统技术——带刺的靴子和腰部的树挂绳——来收集花旗松树冠的数据。

树艺师、红杉爱好者凯文·希勒里（Kevin Hillery）

在听说有人用钉鞋攀爬珍贵的原始古树时非常生气。他一开始找到西列特只是想斥责他，但最后却教了他用一种对树更友好的方式爬树。树艺师研发的技术能够跨越树枝，在树与树之间水平移动，他们穿着软底靴，小心翼翼，避免伤害树木。在学习了这些技术之后，西列特的研究进入了一个全新的层面——他有了一群新的爬树伙伴。理查德·普莱斯顿（Richard Preston）在他的《野生树木：激情与勇气的故事》（*The Wild Trees: A Story of Passion and Daring*）一书中讲述了西列特和他的事迹。为了和西列特一起爬树，普莱斯顿也学会了这些先进的方法。

除了攀爬和研究北美红杉外，西列特还攀登和测量了地球上所有最高树种中最高的那一棵树，包括巨杉、花旗松、北美云杉、王桉和蓝桉（学名 *Eucalyptus globulus*）。他目前是洪堡州立大学的教授，拯救红杉联盟（Save the Redwoods League）为他的许多研究项目提供了资金支持。

另见词条：树艺师（Arborist）；花旗松（Douglas-fir）；桉树（Eucalyptus）；红杉亚科（Sequoioidea）

森林培育

森林培育指的是通常用于生产木材的森林作物的种植和培育。森林培育的英文“silviculture”一词中，“silvi”在拉丁语里是“森林”的意思。培育森林的方法可能涉及采集种子、种子萌发、幼苗生长和移植。一旦树木在森林中生长，就需要对施肥、间伐、修剪、疾病、虫害以及采伐日期和方法等方面做出安排。这些工作的目标通常都是在树木最终被送往工厂或纸浆厂时获得丰厚的经济回报。

整地是指在收割后以及种植或播种新作物前进行的管理工作。整地有时会涉及规定火烧。焚烧可以减少来自其他植物的竞争，提高土壤 pH 值，并增加可用的磷。机械松土是另一种用于修整商业林地的方法。通过使用带有前置刀片犁或耙子的推土机，或通过拖动滚动的砍刀或沉重的链条来移走碎石、苔藓和其他植物，翻出含矿土壤用于播种和种植。还有一种更强大的松土设备，有两个巨大的齿状刀片，可以挖进土壤中，形成垄沟和土堆。垄沟使种植者更容易进入场地，土堆则有助于排水，并为幼苗提高土壤温度。

在森林初步建立起来后，森林培育的焦点基本就是竞争性植物。森林培育管理的目标是将更多的森林资源（如水和阳光）用于最有市场价值的树木。为了减少竞争，可以喷洒除草剂杀死或直接砍伐竞争性植物。当所有的竞争性植物差不多都被消除时，人工林场就建成了。当自然再生或人工播种导致树木生长过密，达不到森林培育要求的水平时，就会对林分[1]进行间伐。间伐是一种人为减少林分中生长的树木数量的操作，目的是加速剩余树木的生长，增加经济收益。

间伐森林的方法非常多，但与间伐胡萝卜地完全不一样。正如西弗吉尼亚大学林业与自然资源部主任约瑟夫·麦克尼尔（Joseph McNeel）所说："你把其他的拿走，留下最好的……森林会自然而然地做到这一点……但这可能需要一百年的时间才能实现。间伐能加速这一过程。"而且，间伐掉的木材即使只是作为纸浆或生物质颗粒出售，也能获得一定收入。美国森林基金会的唐娜·柴尔德里斯（Donna Childress）补充说："这样你就可以更快地采伐优质树木了。"间伐可以依靠电锯和马匹手工完成，

1 林分指树种组成、林层或林相、疏密度、年龄、起源、地位级等主要调查因子相同，但与四周又有明显区别的林地。——编者注

用于机械松土的机器

也可以用大型伐木设备完成，如伐木归堆机，它会开到树旁，用金属爪子抓住它，把它从基部整齐地切断，然后把它抬起来，送到加工区。年轻的、密植的林分通常用机械进行间伐，每隔一定时间从森林中切出宽阔的长排或长条空地。这被称为商用前间伐。

指导管理决策的是林业教科书 / 网站上的林分密度控制表。以美国赤松（学名 *Pinus resinosa*）为例，自然再生的森林每英亩可能包含 2000 棵幼树。当树木平均直径长到 5 英寸的时候，控制表建议树木的数量应该减少到每英亩 400 棵；当树木直径达到 15 英寸的时候，控制表建议每英亩 175 棵；到最后收获的时候，每英亩应该只有 100 棵。尽管“照本宣科”的造林方式往往对土地很不利，还会减少生物多样性，但这个行业已经在慢慢转变，并纳入了更多的生态原则，包括保持河岸缓冲带不受干扰，保留枯立木等野生动植物栖息木，以及维持保护区核心地带不受任何破坏。

另见词条：吉福德·平肖（Pinchot, Gifford）（1865—1946）；枯立木（Snag）

Sinuosity

曲　折

曲折是老树的一种生长形式。老树的树干和主枝不是笔直地生长，而是经常弯曲和呈蛇形。这些弯曲的线条是树木在一个地方屹立的几百年间周围森林变化产生的结果。相邻的树可能会生长并遮蔽这棵树，导致它的生长远离邻树。然后，邻近的形成荫庇的树可能死于昆虫或风暴，形成一片阳光充足的空地，这又导致了生长方向的改变。几百年中，这些来来回回的缓慢生长模式形成了“曲折”的特征。

曲 折

Snag

枯立木

这里的“snag”指的是站立的死树，而不是毛衣勾线的情况。枯立木在生态学上很重要，因为其特有的空隙为各种动物提供了筑巢空间，比如鼯鼠。这些巢穴高于森林地面，远离地面上的捕食者，如郊狼。枯立木也是许多真菌的食物来源。原始森林的一个判定指标正是枯立木的存在。

枯立木

另见词条：原始森林（Old Growth）

Spotted Owl

斑林鸮

斑林鸮在 20 世纪 90 年代成了环保主义者和伐木者利益冲突的焦点。斑林鸮生活在美国西北太平洋地区的原始森林里。科学家和环保人士发现，由于斑林鸮的原始森林栖息地被砍伐，它们的数量急剧下降，但伐木者担心的是，随着越来越多的森林因为猫头鹰而受到保护，他们会失去工作。在对猫头鹰重要性的看法上，双方的情绪都很激动。斑林鸮有三个亚种，但最引人注目的是北方斑点鸮（学名 *Strix occidentalis caurina*）。北方斑点鸮呈深棕色，有一双褐色的大眼睛和一张心形的脸。它们曾经相当常见。一对伴侣鸟会待在一起繁殖和狩猎。它们的领地意识极强，每一对都需要数千英亩的领地。这种猫头鹰会在古老大树的树洞中、大树折断的顶部或废弃的猛禽巢中筑巢。这些栖息场所在原始森林中更为常见。它们还需要有高高的树冠的森林，这样即便是在最低的树枝下也有空间飞行和捕食。原始森林同样也会提供这种栖息地。成年鸟和雏鸟依赖的猎物物种也需要原始森林，比如住在枯立木树洞里的鼯鼠、一生都生活在树冠上的树田鼠，以及生活在森林地面杂乱碎屑中的林鼠。但是，随着越来越多的森林被砍伐，鼯鼠和林鼠同大树一起消失了。斑林鸮也不见了。取代原始森林的年轻人工林没有高大的树木用于筑巢，也没有供猎物生存的栖息地。到 1990 年，只有 12% 的适合其生存的栖息地完好地保留了下来，斑林鸮正在走向灭绝。美国鱼类及野生动植物管理局在 1982 年、1987 年和

北方斑点鸮

1989 年拒绝将其列为濒危物种后，终于在 1990 年有所行动，将其列为濒危物种。尽管北方斑点鸮现在被列为受威胁和濒危物种，而且西北太平洋地区国家森林的伐木计划也已经改变，但这个物种仍然在减少。

猫头鹰现在面临一个新的威胁。横斑林鸮（学名 *Strix varia*）从它们以前的美国东部森林栖息地穿过大平原，进入了西北太平洋地区的森林。1970 年，人们在那里发现了第一个横斑林鸮的巢穴。横斑林鸮更“能容忍人类的存在”，可以生活在范围更广的栖息地，吃更多种类的猎物。它们也比北方斑点鸮的体型大，所以出现领土冲突时，北方斑点鸮总是输家。现在，关于西北太平洋地区森林中的猫头鹰又有了新的争议，因为森林管理者已经开始用录音来呼唤横斑林鸮，然后在它们出现时将其射杀。有些人认为这是帮助北方斑点鸮的最好方法，而另一些人认为这样做很荒谬。

另见词条：原始森林（Old Growth）

Spruce

云　杉

云杉（云杉属，*Picea*）生活在下雪的地方。北方针叶林，也叫泰加森林，是世界上最大的陆地生物群落，云杉是这些森林的主要组成部分。有 35 种不同的云杉生长在地球的北部地区。云杉都是常绿植物，有着圣诞树的经典圆锥形状。它们甚至带有节日的味道，正如唐纳德·卡尔罗斯·皮蒂描述的那样：“在高高的树丛里，只有那美妙的混合香味。它让你想起了圣诞节的早晨，尽管这可能是 7 月的一天，而在完成了 6000 英尺的攀登后，你在稀薄的空气中喘息，坐在这些树的浓荫下，在深厚的苔藓床上休息。”皮蒂曾这样描述白云杉（学名 *Picea glauca*）：“最低处的枝干亲切地轻拂着大地，细枝随后又向上翘起，像抬起的手指一样，摆出轻松优雅的姿态。”有人可能会批评他用人的肢体来比喻一棵树，但他勾画的树的精致形象使这一点无关紧要了。

云杉的球果向下悬挂，鳞片比松树的木质球果更柔软、更有弹性。区分云杉和其他常青树最简单的方法是仔细观察针叶以及它们与树枝连接的方式。松属树木的针叶是成束的；其他常青树种，如铁杉，针叶是扁平的，单独连接着树枝；而云杉的针叶单独附着在树枝上，横截面几乎呈方形，可以在指尖间滚动。不过也有例外，比如生长在日本的虾夷云杉（学名 *Picea jezoensis*），它的针叶是扁平的。另一个辨别的特征是针叶附着在树枝上的方式，因为云杉针叶附着在树枝上的地方会有一个小突起，称为叶枕。即使在针叶掉下来之后，这个突起也会保留。云杉针叶通常很硬，有一个尖头。因此，如果你与云杉树枝“握手”，你可能会“哎哟”一声叫起来。虽然所有类型的云杉都有共同的基本针叶结构，但也有一个不同的地方，那就是叶子的颜色。例如，科罗拉多蓝云杉的颜色与其他常青树种都不同；相比之下，挪威云杉则是较深的黄绿色。其他云杉拥有俗名，如白云杉、红云杉和黑云杉。这三个物种都生长在横跨加拿大的广阔北方森林和美国东部最高的山丘以及纬度最高的地区。黑云杉在深层土壤被冻结的永冻土区的数量非常多。当永冻土因气候变化或伐木而融化，使土壤暴露在阳光下时，土壤结构会发生改变，黑云杉会向融化的地方倾斜，最终可能会倒下。人们称之为“喝醉的树”。也许它们是在借酒浇愁。尽管黑云杉通常太小，不能用作结构用木材，但有成千上万英亩的黑云杉被

云杉针叶的特写

砍伐用于制作生物质成型燃料、书籍和吃中餐外卖时用的筷子。

云杉属也并非没有超凡之辈。最大的云杉种是巨云杉（学名 *Picea sitchensis*，也叫西提卡云杉）。虽然它是以阿拉斯加的一个小镇（Sitka）命名的，但这种树在更远的南方达到了它发展的顶峰。加拿大最高的树名为“卡玛拿巨人”（Carmanah Giant），就是温哥华岛上的一棵西提卡云杉，但在俄勒冈州和华盛顿州可以找到更高的样本。这些巨大的树有 300 多英尺高。

巨云杉的寿命很长，有些树龄超过了 500 年。瑞典的一棵挪威云杉（学名 *Picea abies*）曾被称为“地球上最古老的树”。然而，这种说法有点误导，因为大多数人称之为“树”的是从地面上伸出来的那部分，只有几百年的历史。真正古老的是树根，是树根一次又一次支撑了一棵又一棵活了几百年的树。当一棵直立的树“死亡”时，根部仍然活着，另一条有根的树枝则会继续生长。通过放射性碳定年法，研究人员确定“老吉科”（Old Tjikko，那棵挪威云杉的名字）的树龄超过了9000年——它是最古老的树吗？这取决于个人的定义。

Stranahan, Nancy (1952–)

南希·斯特拉纳汉

1995年，俄亥俄州人南希·斯特拉纳汉作为创始人之一，建立了俄亥俄州阿巴拉契亚山麓前沿地带的高地自然保护区。当时，斯特拉纳汉是俄亥俄州立公园的博物学家，后来成为零售面包店店主和礼品店老板，但她非常关心生物多样性和自然之美。当七洞穴旅游公园即将被出售时，她觉得有必要保护它，以免其被进一步开发。除了拥有庇护脆弱蝙蝠种群的洞穴之外，洛基福克峡谷植被茂密，其间还有岩壁和潺潺流动的泉水，不仅异常美丽，而且生物多样性很丰富。斯特拉纳汉和她的丈夫一起成立了一个非营利组织，开始筹集资金购买这块土地，意图建立一个保护区。在一个季度里，这对夫妇筹集了 6 万美元，但远未达到商定好的 20.3 万美元售价。钱来得不够快。在截止日期前，卖家只给他们两周的时间周转，否则那片土地将被分割并作为住宅用地出售。在最后一刻，大自然保护协会俄亥俄分会提供的一笔贷款力挽狂澜，挽救了这个项目。

斯特拉纳汉曾以为，除了为余款筹集资金外，她的使命已经完成了。但后来，相邻的两处地产即将被出售，他们又与大自然保护协会协商了两笔贷款，用来支付这些费用。许多私人慈善家也加入了这一事业，保护区的成员也随之增加。仅仅五年后，保护区的面积就达到了 1000 英亩，拥有 300 万美元的资产，并将事业愿景从拯救七洞穴旅游公园扩大到保护洛基福克峡谷下段 10 英里长的森林走廊。2005 年，高地自然保护区进一步扩大，走出洛基福克峡谷，进入了靠近俄亥俄河的一处罕见的矮草草原地区。非营利组织有了一个新的名字——阿巴拉契亚之弧，以呼应其扩张的使命，即拯救整个俄亥俄州南部珍贵的自然地区。从那时起，阿巴拉契亚之弧已经筹集了近 1700 万美元，拯救了近 7000 英亩的土地。斯特拉纳汉为 114 个不同的土地收购项目进行了谈判和筹资，其中 68 个项目组成了最初的保护区——高地自然保护区，面积达到了现在的近 3000 英亩。今天，保护区修建了近 20 英里的徒步旅行路线、8 个过夜的林间小屋、诠释了美国东部温带森林重要性的阿巴拉契亚森林博物馆以及为高级博物学家提供课程的阿巴拉契亚森林学校。斯特拉纳汉已是满头白发，但没有表现出要退休的意思。她继续筹集资金，购买土地，阿巴拉契亚之弧正经历着强有力的扩张。斯特拉纳汉现在有了全职的工作团队和一批热心的志愿者。她的故事很好地诠释了一个人在激发和引导他人热情方面的积极影响力。斯特拉纳汉是一股源自自然的力量，也是一股保护自然的力量。

Stomata

气　孔

气孔是叶子上的小口，可以让二氧化碳进入，让水蒸气和氧气排出。它们通常被描述为“孔”，但“口”感觉更准确，因为这些结构——一片叶子上有成百上千个——并不是被动的开孔。气孔可以随着环境条件的变化打开和

叶片上气孔的特写

关闭。炎热和干燥时，气孔关闭，水蒸气留在叶子里。温和的温度和潮湿环境下，气孔打开，让二氧化碳最大限度进入叶片，因此可以进行最大程度的光合作用，而不必担心水蒸气蒸发。气孔能够持续、灵敏地根据植物的需要和外部条件进行调整。这种平衡行为就像在你家门口，当你想让客人进来，但不想让小狗出去的时候一样。

微小的气孔对地球上的生命至关重要。进入树木根部的 90% 的水通过气孔逸出，回到大气中，不参与光合作用过程。在夏天，一棵普通的树每天通过气孔开口将 50 加仑[1]的水送回到大气中。对于红杉这样的巨树，这个数字接近 500 加仑。试想一下，从整个森林中重新进入大气层的水蒸气量是多么庞大！森林不止依赖降雨，还会利用气孔逸出的水蒸气以及树木释放的有机物和化合物（作为凝结核）积极地创造降雨。然而，水蒸气只是气孔这扇门的一边。另一边是大气中的二氧化碳，植物需要这些二氧化碳来构建它们用于结构组织和能量储存的含碳分子。大气中 40% 的二氧化碳会在一年中的某个时刻通过气孔。树木将这些碳中的大部分捕获在茎中，使得它们能够爬到高处获取阳光。在光合作用中形成的一些含碳分子被运送到根部用于生长和储存。其中一些分子成为菌根真菌网络的食物来源。改变了地球生命的自由氧也会穿过气孔。自由氧只不过是光合作用的副产品——气孔并不严格控制它的进出——但对我们来说，它就意味着生命。

另见词条：碳封存（Carbon Sequestration）；菌根（Mycorrhizae）

1 1 加仑 ≈ 3.8 升。

Tongass Forest

通加斯森林

通加斯森林位于阿拉斯加州，是美国最大的国家森林。如果让你在脑海中勾勒出阿拉斯加州的地形轮廓，大多数人都会想到加拿大西北部延伸出来的那个树瘤一样的凸起，但只有少数人的脑海中会浮现出蜿蜒向南的狭长海岸线和岛屿。这个长条地带就是阿拉斯加潘汉德尔海岸，那里有几座包括朱诺在内的城市，但大部分地区由国家公园、国家保护区和通加斯森林组成。这座国家森林面积近1700万英亩，占据了这块狭长地带的大部分。西奥多·罗斯福在20世纪初负责建立了其中的大部分。国家森林允许伐木，通加斯国家森林也不例外。手工伐木开始于20世纪50年代，不久之后，林务局与路易斯安那太平洋公司旗下的凯奇坎纸浆公司（KPC）签订了一份合同，让其通过小型伐木作业生产纸浆。但纸浆公司为了控制市场，开始交易整根原木，然后是整片森林。大部分砍伐的木材用于出口。

除了位置和规模，关于通加斯森林另一件值得注意的事情是，环保人士为拯救它已经努力了很长时间，且有大量环保人士参与其中。这场运动的开端大概是在1974年，当时有三个人对KPC公司获得80万英亩原始森林的采伐合同提出质疑。诉讼的核心是保护鲑鱼溪流免受伐木的影响。联邦法官支持这些挑战者的意见。紧接着，这场运动引起了广泛争论，涉及护林员、树木保护主义者、法官、政治家、木材行业、非营利组织、猎人和旅游机构，从这一点来看你就会明白过去近50年来在那里发生了多少事。有些人获益，有些人失去，但到1990年，一半的原始森林还是消失了。大部分被采伐的大树是北美乔柏和巨云杉。虽然各种环保组织的求助听起来好像整个森林都受到了威胁，但实际上，大多数原始森林现在都被圈进了专门的荒野地区进行保护。森林内有19个不同的荒野区，总面积超过570万英亩。虽然国家森林允许采伐，而且正在被采伐，但这些森林中的荒野地区禁止砍伐。

这一连串的意识形态斗争中，最近的一次是2019年特朗普政府对伐木限制令的撤销。这是应阿拉斯加州参议员丽莎·穆尔科斯基（Lisa Murkowski）和州长迈克尔·邓利维（Michael Dunleavy）的要求进行的。此举将使另外的180万英亩森林被采伐，曾经的无路区域也会开拓出数百英里的新道路。8个环保组织将此事告上法庭，2020

年，一位联邦地区法官宣布，这项伐木计划违反了《国家环境政策法》（*National Environmental Policy Act*）。法官写道："林务局未经实地考察，缺乏具体信息，故未能就该项目对生计用途的影响做出明智可靠的决定，向当地社区提供的项目影响的陈述也不够详尽，过于宽泛且有待考证。"与森林的其他胜利一样，这一次可能也是暂时的。下一轮斗争也许就在不远的将来。环境之战输一次就没了，必须一次又一次地取得胜利。正如蕾切尔·卡森所说："环保是一项没有终点的事业。我们永远不会说我们的工作已经完成。"

另见词条：云杉（Spruce）

T

Tree of Souls (*Avatar*)

灵魂树（《阿凡达》）

灵魂树是奇幻电影《阿凡达》中一棵形似柳树的巨树。这部电影由詹姆斯·卡梅隆于 2009 年编导，描述了人类与虚构的纳美人的接触。灵魂树是纳美人最神圣的东西，是他们与伊娃（Eywa，他们的“至高存在”）取得联系的中间站。这棵树能够与纳美人的神经系统相连，也能将他们连成一体。如果这棵树被毁，就会造成文化和精神上的虚空，毁灭整个种族。因此，它也被称为“家园树”。这棵树结出的种子看起来像巨大的蒲公英种子和小型水母的混合体。这些种子缓慢而调皮地飘动。但种子不仅仅是树木的遗传物质；它们还是纯洁而神圣的灵体，被称为树精灵。因此，如果树的种子选择落在一个地方，则是一个吉祥的征兆。当部落中有人死去，族人就会在他们身上种下一棵树精灵；这样死者就能与伊娃和部落其他成员保持联系了。

灵魂树引起了电影观众的共鸣。它反映了全球各地古老文化的信仰，比如德鲁伊教成员和美洲原住民，他们敬畏某些树木，拒绝砍伐它们。2010 年，伦敦的海德公园安装了一个灵魂树的互动式复制品。它由光纤电缆制成，可以改变颜色，随着音乐活动，并显示上传的信息。包括 20 世纪福克斯公司在内的一个联合组织承诺为每一个与雕塑树互动的人种植一棵真正的树。这个“阿凡达家园植树倡议”组织资助了全球 100 多万棵树的种植。

也许现实中最接近灵魂树的是俄罗斯西南部卡尔

梅克省一棵被称作“孤苦之树”的苦杨（学名 *Populus laurifolia*），因为它是方圆数英里内唯一的树。它的周围是一片广阔的草原。这棵树是如何到达那里的？关于它的起源的故事是这样的，一个佛教僧侣去西藏朝圣，然后把旅途中收获的一些种子储存在他的禅杖中。返程的时候，他徒步走到了辽阔空旷的大草原上最高的土丘上。他把他的禅杖插在了那个地方，后来种子就发芽了。故事发生在哪个年代呢？僧侣的身份和种植的年份都不清楚。这棵树越长越大，骑马长途跋涉的旅行者会停在树荫下休息。他们在休息的时候，向这棵树许下了自己的请求。那些愿望都得到了满足。越来越多的人来到树下祈祷和敬拜，这些人已不再是路过的旅行者，而是专门来树下朝拜的虔诚朝圣者。今天，这棵树成了一个圣地，成群结队的游客带着经幡和佛香来到树下，在它面前祈祷和冥想。

Tu BiShvat

犹太植树节

这是犹太人在冬末 / 早春庆祝的一个节日，可以看作树的新年。在以色列，这个节日既是植树的节日，也是宣传生态意识的日子，介于植树节和地球日之间。这一天，犹太国民基金会在以色列组织植树活动，会有超过 100 万人参加。过去，一些阿拉伯社区认为植树活动是犹太社区企图抢夺土地的行为，但如今，阿拉伯人和犹太人共同策划环保活动的情况更为普遍了。毕竟，我们生活在同一个地球。

犹太植树节与果树有着密切的联系。树的年龄是由它们经历了多少个植树节决定的。在正统的犹太教习俗中，前三个植树节，树上的果实不应该被采摘。当一棵树活过了四个植树节之后，它的果实就可以收获了，部分收获应用于上缴什一税[1]。

16 世纪，一位著名的卡巴拉学派拉比（犹太人用作尊称的词，表示老师、先生），采法特的艾萨克·卢里亚（又称“阿里”——希伯来语的“狮子”）发明了一种家宴仪式，即按照特定的顺序吃 10 种特定的树上水果，喝四杯酒，同时吟诵适当的祈祷。据称，卢里亚精通树的语言、鸟的语言和天使的语言。在当代，树果盛宴已成为犹

[1] 源自“农牧产品收入的十分之一归上帝所有”的宗教传统。

太植树节庆祝活动的一个惯例。

另见词条：植树节（Arbor Day）

Tulip Poplar

鹅掌楸

鹅掌楸是美国东部最大的树，如果你愿意的话，也可以叫它东部的红杉。最高的鹅掌楸在大烟山，不久以前，其中一棵树长到了 192 英尺高。鹅掌楸也是所有东部树木中体积最大的，尽管悬铃木也不相上下。在北卡罗来纳州的乔伊斯·基尔默纪念森林也可以看到一些壮观的巨型鹅掌楸，但大多数原始老树已经被砍了，在遥远的过去，它们中的一些被砍伐做成了独木舟。美国拓荒者丹尼尔·布恩在 1799 年雕了一艘鹅掌楸独木舟，将他的家从肯塔基州迁到密苏里州。

原先的森林被清除之后森林又一次生长，在这个过程中，鹅掌楸经常很早就出现了。它们长得非常快、非常笔挺。它们的木材也很有用，所以很多树还没到中年就被砍

鹅掌楸树叶

掉了。然而，当它们无人打扰时，虽然有些树会因为常见的原因（自然母亲的死亡点名）而夭折，但其他树能活上几百年。唐纳德·卡尔罗斯·皮蒂在描写200多年前种植的一些鹅掌楸时说："如今，它们是长寿的巨人，它们用繁茂、哀伤的声音诉说着它们所认识的那些闪亮而转瞬即逝的人类是多么渺小。"已知的最古老的鹅掌楸有500多岁。

鹅掌楸的俗称层出不穷：郁金香树、郁金香木、黄杨、白木。同一种树有这么多不同的名字！我很固执，一直使用我在读本科时对它的称呼——郁金香杨树，但也许我们应该开始叫它鹅掌楸（即鹅掌楸属，*Liriodendron*）了。鹅掌楸属下只有 2 个种，另一种是在中国发现的，所以它们不太可能被混淆。美国的树是北美鹅掌楸（学名 *Liriodendron tulipifera*），因其开出的大花而得名。另一个树种有着非常贴切的拉丁学名 *Liriodendron chinense*，即中国鹅掌楸。这两种都不是真正的杨树（如你所知，俗名可能会误导人），它们其实属于木兰科。

木兰属（*Magnolia*）有 100 多个不同的种，但鹅掌楸属只有 2 个种。木兰科的所有树都有大而艳丽的花朵，但鹅掌楸的叶子与木兰的叶子不同。木兰的叶子都是长长的椭圆形，而鹅掌楸的叶子看起来就像一只连指手套，也有人说像猫的头。

另见词条：木兰（Magnolia）

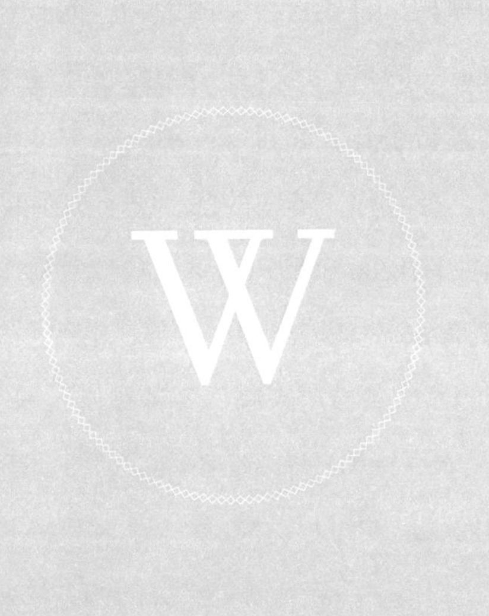

Willow

柳 树

柳树是一种生长于地球北部潮湿地区的树。柳树的属名“Salix”来自凯尔特语，意思是“靠近水”。柳树是最难识别的树种，有数百个不同的种，而且在野外很容易杂交。更重要的是，还有许多为园艺行业创造的栽培品种——据最新统计，超过 800 种。但即使是这类数据也不尽相同，有人称，英国的郎·埃士顿研究所在 2003 年关闭之前拥有 1200 个柳树品种。仅欧蒿柳（学名 *Salix viminalis*）就有 60 个栽培品种。在塑料出现之前，通过矮林作业收割的蒿柳条被用来制作各种存储容器。1938 年，作家 H·J. 马辛厄姆（H. J. Massingham）记录了自己访问一个农村制篮工匠的过程。“在两个小时里——其中一半的时间我们在交谈——我看着一束束的柳条挥舞、弯曲和摇摆，直到它们抵达艺术和实用融为一体的最终成品，我不会忘记这样的构造经历。”

不同的柳树在大小上有很大差别。有些北极柳只有几英寸高，而大多数柳树是灌木大小，只有几十种跟一般的树一样大。最高的是黑柳（学名 *Salix nigra*），但即使是这种树也很少能长到 60 英尺。柳树是树栖世界的詹姆斯·迪恩："过把瘾就死"也可以是它们的座右铭。它们很容易生根，生长得非常快，给照顾它们的人带来成就感，但这些人很可能也会见证自己心爱的树的死亡。这会不会是世界各地的神话中都有柳树的原因呢？希腊人、日本人、爱尔兰人和美洲原住民都有关于柳树的歌曲和故事。希腊人相信，种下一棵年轻的柳树并看着它成长，可以缓解死亡时灵魂的痛苦。凯尔特人认为在坟墓上种植柳树可以保留死者的灵魂。一些文化认为，在枕头下放柳条可以增强梦境真实感和记忆。有些威卡教的爱情咒语也会使用柳条。

柳树是雌雄异株的，也就是说，每棵树只开雄花或雌花。春季，它们的花很早就会开放，远远早于叶子出现的时候。最广为人知的灌木柳树叫猫柳（即褪色柳，学名 *Salix discolor*）。它在当今被视作一种有点"过时"的植物，但它曾在许多乡村的花园中占有一席之地，因为它在一年初始的春天早早地生长，为花园增添了春意。其雄花充满花粉的花药周围有灰色的茸毛，像灰色小猫的毛皮一样，它因此被称为"猫柳"。正如冬至时带入室内的常青树提醒人们，即使在冬天，生命也在继续，猫柳也被当作新生的象征而被歌颂。在基督教中，棕枝主日是复活节前一周的星期日，但在欧洲和北美的教会仪式上，并不总能找到预示着耶稣将在到达耶路撒冷的那个星期被钉上十字架的热带棕榈树，因此，人们常常用柳树代替它。

在几百种不同的柳树中，有一种柳树的知名度超过了其他所有的柳树。如果要给“__柳”填空，大多数人都会填“垂”。这种垂下的枝条一直伸到地面的大树深深扎根于许多孩子的记忆中。我也曾采集过一把柔韧的柳条，也曾跟《人猿泰山》里丛林中的简一样在柳树上荡秋千。

垂柳是一种常见的树，但它让分类学家们很头疼。简单地说，常见的垂柳学名是 *Salix babylonica*（意思是“巴比伦柳”），但这是一种原产于中国的树，而不是像名字暗示的那样原产于巴比伦。中国人在几百年前就开始培育这种树，所以有很多栽培品种和杂交品种。然而，这种垂柳在北美并不怎么耐寒，所以北美的大多数垂柳很可能是白柳和巴比伦柳的杂交品种。

就连专家也认为，垂柳的命名“混乱得无可救药”。1988 年，美国国家树木园的弗兰克·桑塔穆尔（Frank Santamour）写道：“目前在我们主树木园栽培的垂柳所使用的各种名称（种名、杂交种名、栽培种名）中，有许多实际上毫无意义。”他建议，园艺行业应该放弃大多数栽

垂　柳

培品种的名称，让大家重新开始。“没有必要让已经疯狂的混乱局面继续下去。”虽然园艺专家们喜欢争论这些观点，但垂柳的情况可能就像“莎士比亚的玫瑰”一样，不管它叫什么名字，都值得被喜爱和欣赏。

另见词条：矮林作业（Coppicing）；栽培品种（Cultivar）

Wu, Ken (1973–   )

肯·吴

吴是一位森林英雄，自 1991 年以来，他一直致力于拯救不列颠哥伦比亚省的原始森林，至今已有 30 多年。他在加拿大的一个中国人家庭中长大，由于父亲是一名化学工程师，在童年时期，他经常辗转加拿大各地。这使吴有机会在成长过程中体验多种多样的生态系统，从安大略省南部丰茂的落叶林和湿地，到萨斯喀彻温省的大草原、阿尔伯塔省的山区生态系统，再到不列颠哥伦比亚省的温带雨林。

1991 年，吴进入不列颠哥伦比亚大学学习生态学和进化。他积极参与拯救沃尔布兰和卡皮拉诺山谷的原始森林的运动，组织各种集会、封锁和活动。1993 年，不列颠哥伦比亚省的“森林战争”达到顶峰，超过 12 000 人参加了大规模的封锁活动，阻止托菲诺附近克拉阔克森林的伐木卡车，最终近 900 人被捕。吴还在温哥华市中心组织了学生封锁活动和大型城市集会。这段经历使他对正义的集体活动所具备的力量产生了强烈的乐观情绪，并一直扎根于心底。

2005年，吴领导了一场紧跟时事的运动，聚焦于拯救不列颠哥伦比亚省现存的原始森林并维持那里的伐木业。森林工人联盟（Forest Workers Alliance）组织起来，禁止原木出口，确保可持续的、增值的次生林产业，并终止了原始森林的采伐。这个联盟使森林工人和环保主义者在辩论中站在了同一边。当省政府试图通过“森林开采倡议”阻止新保护区的建立时，这个联盟变得至关重要。

2010年，吴与其他人共同创立了古老森林联盟（Ancient Forest Alliance，AFA）。AFA是一个专门致力于保护不列颠哥伦比亚省古老森林的非营利组织，致力于与旅游企业、林业工人和原住民建立非传统的联盟，并利用专业摄影技术，通过当时迅速扩张的社交媒体平台，将这个国家最壮观的古老森林的美丽和破坏现状呈现给大众。该组织与小企业界合作保护原始森林，特别是与伦弗鲁港商会的合作，极大地扩张了在不列颠哥伦比亚省保护原始森林的势头。吴还为濒危森林取了朗朗上口的绰号，这些绰号帮助活动迅速传播开来。比如将古老红杉林称作“阿凡达林”，就在詹姆斯·卡梅隆的大片上映后不久；加拿大第二大的花旗松孤独地矗立在一片砍伐过的空地上，吴将其称作“孤独的大道格”；“侏罗纪丛林”则是一座濒危的原始森林，如果得到保护，它将成为“侏罗纪公园”。

2018 年，吴辞去了古老森林联盟执行董事的职务，成立了一个新的组织——濒危生态系统联盟（Endangered Ecosystems Alliance，EEA）。该组织专注于对所有濒危生态系统进行大规模、科学的保护，支持本土保护区，促进生态系统知识的普及，并将宣传扩展到自然保护运动的非传统盟友。

吴在温哥华岛上的一个北美红杉松的树桩里

另见词条：灵魂树（《阿凡达》）[Tree of Souls (*Avatar*)]

附　录

Appendix

词条索引 · 按汉语拼音排序

S

T

W

X

参考文献
Selected References

Braun, E. L. *Deciduous Forests of Eastern North America*. Hafner, 1964.

Collins, Robert F. *A History of the Daniel Boone National Forest, 1770–1970*. Edited by Betty B. Ellison. USDA Forest Service, Southern Region, 1976.

Childress, Donna. "Tree Thinning 101." *Woodland* magazine (Fall 2014). American Forest Foundation.

Darwin, Charles. *On the Origin of Species by Means of Natural Selection*. Murray, 1859.

Davis, Mary B. *Eastern Old-Growth Forests: Prospects for Rediscovery and Recovery*. Island Press, 1996.

Davis, Mary B. *Old Growth in the East: A Survey*. Cenozoic Society, 1993.

Douglass, Ben. *History of Wayne County, Ohio*. Robert Douglas, 1878.

Durrell, Lucile. "Memories of E. Lucy Braun." *Ohio Biological Survey Notes*, no. 15 (1981).

Freinkel, Susan. *American Chestnut: The Life, Death, and Rebirth of a Perfect Tree*. University of California Press, 2007.

Frazier, James. *The Golden Bough*. Macmillan, 1890.

Hill, Julia B. *The Legacy of Luna: The Story of a Tree, a Woman, and the Struggle to Save the Redwoods*. HarperOne, 2001.

Kershner, Bruce, Robert T. Leverett, and Sierra Club. *The Sierra Club Guide to the Ancient Forests of the Northeast.* Sierra Club Books, 2004.

Kilmer, Joyce. "Trees." *In Poetry*, vol. 2, no. 5. Harriet Monroe, 1913, 160.

Lowman, Margaret. *Life in the Treetops: Adventures of a Woman in Field Biology*. Yale University Press, 1999.

Massingham, Harold J. *Shepherd's Country: A Record of the Crafts and People of the Hills*. Chapman & Hall, 1938.

Moomaw, William R., Susan A. Masino, and Edward K. Faison. "Intact Forests in the United States: Proforestation Mitigates Climate Change and Serves the Greatest Good." *Frontiers in Forests and Global Change*, vol. 2, 2019.

Moon, Beth. *Ancient Skies, Ancient Trees*. Abbeville Press, 2016.

Patterson, James. *Saving the World and Other Extreme Sports*. Little, Brown, 2007.

Peattie, Donald C. *A Natural History of Trees of Eastern and Central North America*. Houghton Mifflin, 1950.

Pinchot, Gifford. *The Training of a Forester*. Lippincott,1937.

Preston, Richard. *The Wild Trees: A Story of Passion and Daring*. Random House, 2007.

Saint-Exupéry,Antoine d. *The Little Prince*. Harcourt Brace Jovanovich, 1982.

Sandars, N. K., trans. *The Epic of Gilgamesh*. Penguin,1972.

Seuss, Dr. *The Lorax*. Random House, 1971.

Sillett, Stephen C., et al. "Aboveground Biomass Dynamics and Growth Efficiency of Sequoia *Sempervirens* Forests." *Forest Ecology and Management* 458 (2020).

Simard, Suzanne, et al. "Mycorrhizal Networks: Mechanisms, Ecology, and Modelling." *Fungal Biology Reviews* 26, no. 1 (2012).

Thoreau, Henry D. *Faith in a Seed. Island Press*, 1993.

Thoreau, Henry D. *The Maine Woods. Ticknor and Fields*, 1864.

US Forest Service. *Program for Observance of American Forest Week...1925–1928 by Schools, Boy Scout Meetings, and Other Assemblies*. Government Printing Office, 1925.

Ward, Robert B. *New York State Government*. Rockefeller Institute Press, 2006.

致 谢
Acknowledgments

我非常感谢插画师马伦·韦斯特福尔。与她合作很愉快，她的才华使本书更具力量。

我的整个大家庭都支持我为树发声，感谢他们所有人，尤其是我的女儿，阿丽莎·马卢夫。杰米·菲利普斯、理查德·鲍尔斯和迭戈·赛斯·吉尔等朋友和专业同事是我的指路明灯。我也要对生命中的其他“树人”充满感激，以下排名不分先后：鲍勃·莱弗雷特、安德鲁·乔斯林、苏珊·马西诺、森夏恩·布罗西、迈克·凯利特、威尔·布罗赞、哈里·怀特、道格·伍德、布莱恩·凯利、克雷格·林帕奇、南希·斯特拉纳汉、杜安·胡克、吉尔·琼斯、特纳·夏普和蒂姆·科瓦尔，以及很多很多其他人。我也感谢杰夫·科万阅读了早期草稿。

普林斯顿大学出版社的每个人都是令人愉快的合作伙伴。特别要感谢阿比盖尔·约翰逊和罗伯特·柯克，他们认为我是这个项目的合适人选，并给了我自由，让我随心而行。还要感谢审稿的编辑凯瑟琳·斯洛文斯基和书籍设计师克里斯·费兰特。

最后，我想诚挚地感谢所有为森林——甚至只为一棵树——发声的人。

后　记
Epilogue

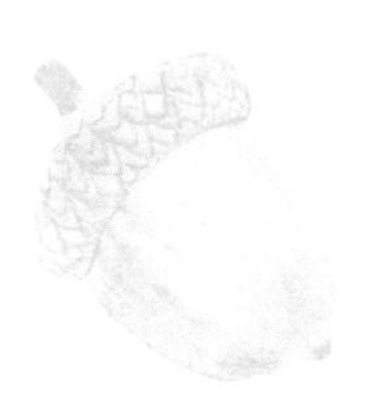

本书的大部分写作和研究工作是在新型冠状病毒肺炎疫情[1]隔离期间完成的。我很感激，那段时间在家里可以使用许多电子数据库，特别是 JSTOR 期刊数据库、Web of Science 检索数据库、维基百科和 ENTS 网络论坛。

本书的所有版税将捐赠给原始森林网。

[1] 2022 年 12 月中华人民共和国国家卫生健康委员会公告 2022 年第 7 号将“新型冠状病毒肺炎”更名为“新型冠状病毒感染”。